廃棄物焼却施設関連作業における
ダイオキシン類ばく露防止対策

― 作業指揮者テキスト ―

中央労働災害防止協会

序

　ダイオキシン類は、工業的に製造される物質ではなく、他の物質を合成する過程で副成したり、廃棄物を焼却する際に一定の条件の下で生成される化学物質です。

　厚生労働省では、従来から廃棄物の焼却施設の労働者に対するダイオキシン類ばく露防止対策を推進してきましたが、平成13年4月に、この中で特に必要な事項を、労働安全衛生規則に定めるとともに、「廃棄物焼却施設内作業におけるダイオキシン類ばく露防止対策要綱」を公表して、ばく露防止対策の徹底を図りました。同要綱は、平成26年1月に改正され、名称が「廃棄物焼却施設関連作業におけるダイオキシン類ばく露防止対策要綱」となりました。

　この要綱において、事業者は、廃棄物焼却施設における焼却炉の運転、点検作業又は解体作業を行うときは、作業の指揮者を定め、その者に作業を指揮させるとともに、解体作業に係る設備の内部に付着したダイオキシン類を含む物の除去、ダイオキシン類を含む物の発散源の湿潤化及び保護具の使用の措置が、それぞれ適切に講じられているかどうかについて、点検させなければならないとしています。

　本書は、この作業指揮者がその職務を適切に行うために知っておくべき知識を網羅して作成されたものであり、また特別教育のインストラクター用の教材にも適したものです。

　このたびの改訂では、最近の法令等の改正とあわせ関係箇所等の見直しを行いました。

　本書が作業指揮者をはじめ多くの関係者に活用され、廃棄物焼却施設関連作業に従事する労働者のダイオキシン類のばく露防止に役立つものとなれば幸いです。

　令和5年3月

中央労働災害防止協会

目　　次

第1章　廃棄物焼却施設関連作業におけるダイオキシン類ばく露防止対策について

　廃棄物の焼却施設における焼却炉等の運転、点検等作業及び解体作業に従事する労働者のダイオキシン類へのばく露を未然に防止する観点から、平成13年4月に労働安全衛生規則等の一部が改正され、廃棄物の焼却施設におけるダイオキシン類ばく露防止措置が規定されている。ここで、廃棄物の焼却施設とは、ダイオキシン類対策特別措置法施行令（平成11年12月27日政令第433号）別表第1第5号に掲げる廃棄物焼却炉を有する廃棄物の焼却施設をいう。

　また、改正労働安全衛生規則に規定する基本的事項とともに、ダイオキシン類ばく露防止をより効果的に推進するために必要な事項を加えて、平成13年4月に厚生労働省労働基準局長名により「廃棄物焼却施設内作業におけるダイオキシン類ばく露防止対策要綱」が策定され、平成26年1月に「廃棄物焼却施設関連作業におけるダイオキシン類ばく露防止対策要綱」として改正されたところである（以下、単に「対策要綱」という。）。

1　労働安全衛生規則等の一部改正

　改正労働安全衛生規則においては、廃棄物の焼却施設において行われる焼却炉等の運転、点検等作業及び解体作業を対象として、次の事項が定められ、平成13年6月1日から施行されている。

　(1)　ダイオキシン類の濃度及び含有率の測定

　(2)　解体作業における付着物の除去

　(3)　ダイオキシン類を含む物の発散源の湿潤化

　(4)　測定の結果に応じた適切な保護具の使用

　(5)　作業指揮者の選任及び職務

　(6)　作業に従事する労働者に対する特別教育の実施

　(7)　一定規模以上の廃棄物焼却炉の解体等の仕事に係る計画の届出

　また、安全衛生特別教育規程（平成13年4月25日厚生労働省告示第188号）が併せて改正され、労働安全衛生規則第592条の7に規定する廃棄物の焼却施設に関する業務

に係る特別教育の科目、範囲及び時間が定められた。これにより、事業者は、焼却炉等の運転、点検等作業及び解体作業に従事するすべての労働者に対して特別教育を実施することとされた。

　事業者は、自ら労働者に特別教育を実施する代わりに、労働者に労働災害防止関係団体等が実施する特別教育を受講させることでも足りるが、この場合は、特別教育の実施記録に代わり当該団体等が発行する受講証明書を保管する等により、労働者が特別教育を受講したことを確認できるようにしておく必要がある。

　廃棄物の焼却施設において行われる作業には、他の危険有害業務を伴うことも多く、事業者は、清掃業に特有な各種安全衛生対策のほか、墜落防止対策や熱中症予防対策等を講ずる必要があることは言うまでもない。このため、総括安全衛生管理者、統括安全衛生責任者等が事業場における危険有害要因を排除するか又は労働者へ与えるその影響を低減化する必要がある。第10章に特に関係が深いと思われる対策を参考までに掲載した。

2　対策要綱の考え方

対策要綱には、主として次の事項が規定されている。

- （1）　運転、点検等の作業
  - ①　空気中のダイオキシン類濃度の測定
  - ②　測定結果に基づく管理区域の決定
  - ③　管理区域に応じたダイオキシン類の発散防止対策
  - ④　使用する保護具の選定
  - ⑤　特別教育の実施
  - ⑥　作業指揮者の選任
  - ⑦　ダイオキシン類対策委員会の設置
- （2）　解体作業
  - ①　所轄労働基準監督署長あて計画の届出
  - ②　汚染物のサンプリング調査の実施
  - ③　空気中のダイオキシン類の濃度の測定
  - ④　調査・測定結果に基づく解体方法の決定
  - ⑤　使用する保護具の選定
  - ⑥　特別教育の実施
  - ⑦　作業指揮者の選任
  - ⑧　汚染物の除去、作業場所の分離

⑨　発散源の湿潤化

(3)　運搬作業

①　対象設備の情報提供

②　荷の積込み及び積下ろし時における措置

③　運搬時の措置

このほか、周辺環境への配慮等についても触れている。

第2章　ダイオキシン類による健康影響

1　ダイオキシン類とは

　ダイオキシン類は、使用するために意図的につくられるものではなく、他の物質を合成したり、廃棄物を焼却したりする過程で副産物として発生する毒性の強い化学物質である。

　ダイオキシン類の定義に関しては、ダイオキシン類対策特別措置法（平成11年法律第105号）第2条第1項に定められ、「ダイオキシン類」とは、「ポリ塩化ジベンゾ－パラ－ジオキシン」（PCDD）、「ポリ塩化ジベンゾフラン」（PCDF）及び「コプラナーポリ塩化ビフェニル」（Co-PCB）をさす（図1）。これら「ダイオキシン類」にはそれぞれ同族体があり、「ポリ塩化ジベンゾ－パラ－ジオキシン」は75種、「ポリ塩化ジベンゾフラン」は135種、「コプラナーポリ塩化ビフェニル」は12種が確認されている。

　ダイオキシン類は、工業用の炉などで塩素が含まれる化合物を高温処理する際にわずかながら発生するが、今日我が国では廃棄物焼却炉がその発生源として問題となっている。

　廃棄物の焼却炉におけるダイオキシン類の発生メカニズムとして考えられている主なものとして①廃棄物に不純物としてダイオキシン類が混入していて焼却過程で分解されずに排出される、②熱分解により生成した環状構造物質から再合成される、③飛灰粒子表面で遷移金属を触媒として炭素、塩素、酸素の各原子から生成される（この反応は「デノボ合成」と呼ばれる。）などがある。これらの発生メカニズムのうち②と③によるダイオキシン類の発生量は、前駆体の生成量、飛灰粒子の反応性、酸化状態、遷移金属触媒の量、塩素ガスの量等に依存している。ダイオキシン類は200℃から生成が始まり、300℃前後で最大となるが450℃以上では合成よりも分解が優勢となる。また、不完全燃焼により一酸化炭素濃度が上昇すると、生成が促進されることが分かっている。

1. PCDD類（75種類）

2,3,7,8-テトラクロロジベンゾ-パラ-ジオキシンをはじめとするポリ塩化ジベンゾ-パラ-ジオキシン類（PCDDs）

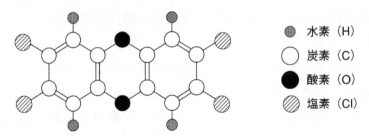

2,3,7,8-TeCDD

（ダイオキシン類の中で最も毒性が強いと言われている物質）

2. PCDF類（135種類）

構造中にフランを含むポリ塩化ジベンゾフラン類（PCDFs）

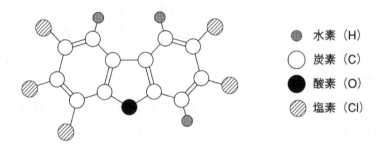

2,3,4,7,8-PeCDF

3. Co-PCB類（12種類）

コプラナーポリ塩化ビフェニル類

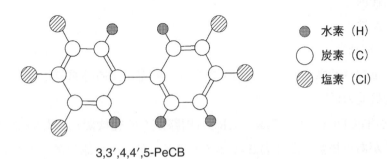

3,3′,4,4′,5-PeCB

図1　ダイオキシン類

2　ダイオキシン類の有害性等

(1)　物　性

ダイオキシン類は常温では無色の固体で、熱に強く800℃以上にならないと分解されないが、紫外線により徐々に分解する。また水や酸に溶けにくいが、油脂類に溶解する。

廃棄物焼却施設で発生するダイオキシン類のほとんどは、飛灰粒子の表面に吸着されて存在しており、加熱により容易にガス化する。このことから高温の焼却設備に付着した粉じんや、焼却廃棄物はガス状のダイオキシン類の発生源となることが知られている。

(2)　ばく露経路

ダイオキシン類は経気道（吸入）、経口、経皮の３つの経路から体内に入り、血液により全身に運ばれ脂肪の多い組織に蓄積される。日常生活では90％以上が飲食物を介した経口ばく露であるが、廃棄物焼却施設関連作業者については粉じん及びガスを吸入することによる経気道からのばく露がこれに加わることになる。

(3)　主な有害性

ダイオキシン類の中では、2，3，7，8-テトラクロロジベンゾ－パラ－ジオキシン（2，3，7，8-TeCDD）がその有害性について、最もよく調べられており、下に示すような有害性が動物実験や疫学研究により指摘されているが、それ以外の大部分のダイオキシン類は、動物実験での有害性の指摘はあるものの、人に対する影響は今後の研究課題となっている。

　　　　　○塩素挫創
　　　　　○発がん性
　　　　　○胎児の奇形
　　　　　○生殖毒性（妊娠率の低下、精子の減少、胎児出生時体重減少等）
　　　　　○免疫機能の低下

2，3，7，8-TeCDDについては、IARC（国際がん研究機関）において「ヒトに対して発がん性がある物質」と評価された（1997年）が、その他のダイオキシン類に関しては動物発がん性もヒト発がん性も根拠が不十分で発がん物質として分類できないとされている。

現在のところヒトに対する有害性は、以下のように判断されている。

〔関係省庁共通パンフレット「ダイオキシン類2012」（環境省）よりその要旨〕

①　通常の生活の中で摂取する量では急性毒性は生じない。

②　ダイオキシン類のうち、2，3，7，8-TeCDDは、事故などの高濃度のばく露の知見から人に対する発がん性があるとされているが、現在の我が国の一般環境レベルではほとんど問題はない。

③　多量のばく露で、発がんを促進する作用、生殖機能、甲状腺機能及び免疫機能への影響があることが動物実験で報告されている。しかし、人に対しても同じような影響があるのかどうかはまだよく分かっていない。

④　ダイオキシン類の安全性の評価には耐容一日摂取量が指標となる。

　廃棄物焼却施設では、多数のダイオキシン類の同族体が同時に発生することが知られている。そのため、混合物としてのダイオキシン類の有害性を単一の尺度で評価する手法が求められる。そこで、ダイオキシン類同族体の中で最も毒性が強く、動物や人に対する影響が良く調べられている2，3，7，8-TeCDDの毒性を1とした場合のダイオキシン類の同族体の毒性比を表す毒性等価係数（TEF）（**表1**）を用い、その係数で各同族体の環境濃度を重み付けして合算して算出した毒性等量（TEQ）を、混合物としてのダイオキシン類の管理の指標として用いることとしている。

（参考）
　毒性等価係数（TEF）は、個々のダイオキシン類同族体の毒性を、最も毒性の強い2，3，7，8-TeCDDの毒性を1として換算した係数である。
　毒性等量（TEQ）は、多数の同族体の混合物として存在するダイオキシン類の毒性を、各同族体の量にそれぞれのTEFを乗じた値を総和して求めた値である。

表 1　毒性等価係数（TEF*）

	化合物名	TEF値
PCDD （ポリ塩化ジベンゾ–パラ–ジオキシン）	2,3,7,8-TeCDD	1
	1,2,3,7,8-PeCDD	1
	1,2,3,4,7,8-HxCDD	0.1
	1,2,3,6,7,8-HxCDD	0.1
	1,2,3,7,8,9-HxCDD	0.1
	1,2,3,4,6,7,8-HpCDD	0.01
	OCDD	0.0003
PCDF （ポリ塩化ジベンゾフラン）	2,3,7,8-TeCDF	0.1
	1,2,3,7,8-PeCDF	0.03
	2,3,4,7,8-PeCDF	0.3
	1,2,3,4,7,8-HxCDF	0.1
	1,2,3,6,7,8-HxCDF	0.1
	1,2,3,7,8,9-HxCDF	0.1
	2,3,4,6,7,8-HxCDF	0.1
	1,2,3,4,6,7,8-HpCDF	0.01
	1,2,3,4,7,8,9-HpCDF	0.01
	OCDF	0.0003
コプラナー PCB	3,4,4',5-TeCB	0.0003
	3,3',4,4'-TeCB	0.0001
	3,3',4,4',5-PeCB	0.1
	3,3',4,4',5,5'-HxCB	0.03
	2,3,3',4,4'-PeCB	0.00003
	2,3,4,4',5-PeCB	0.00003
	2,3',4,4',5PeCB	0.00003
	2',3,4,4',5-PeCB	0.00003
	2,3,3',4,4',5-HxCB	0.00003
	2,3,3',4,4',5'-HxCB	0.00003
	2,3',4,4',5,5'-HxCB	0.00003
	2,3,3',4,4',5,5'-HpCB	0.00003

（*2006年にWHOより提案されたもの）

⑷　耐容一日摂取量（TDI）

　一般人のダイオキシン類の耐容一日摂取量（TDI）は 4 pg-TEQ/kg体重/日（平成11年）と決められている。一般人には幼児や虚弱者が含まれているため、低い値に設定されている。なお、WHO勧告（1998年）のTDIは、 1 〜 4 pg-TEQ/kg /dayである。

（参考）

　耐容一日摂取量（TDI）は、生涯にわたって摂取し続けた場合の健康影響を指標とした値であり、一時的にこの値を多少超過しても健康を損なうものではない。

　また最も感受性の高いと考えられる胎児期におけるばく露による影響を踏まえて設定されている。

⑸ 作業環境気中管理濃度（1998年）

作業環境における管理すべきダイオキシン類の濃度は、2.5pg-TEQ/m^3とされている。

（参考）

1g（グラム）

1mg（ミリグラム）　1,000分の1g

1μg（マイクログラム）　1,000,000（100万）分の1g

1ng（ナノグラム）　1,000,000,000（10億）分の1g

1pg（ピコグラム）　1,000,000,000,000（1兆）分の1g

TDI（Tolerable Daily Intake）　耐容一日摂取量

TEF（Toxic Equivalency Factor）　毒性等価係数

TEQ（Toxic Equivalent）　毒性等量

第3章　ダイオキシン類対策に係る推進体制の確立

　廃棄物焼却施設においては、設備の日常点検や清掃など複数の事業者が仕事を請け負っていることも多く、そこで働く労働者は必ずしも施設を管理する事業者の下で働いているとは限らない。このため、事業者は、それぞれ使用する労働者についてダイオキシン類のばく露防止と労働災害防止のために、同一の廃棄物焼却施設において仕事を行う各事業者間の連携を図る必要がある。

1　ダイオキシン類対策協議会の設置

　廃棄物焼却施設に関係する事業者としては、廃棄物焼却施設を管理（所有）する事業者（以下「施設管理事業者」という。）、施設管理事業者からその施設の一部又は全部を受託して運転管理する事業者（以下「運転管理事業者」という。）、同様に、その施設を受託して保守管理する事業者（以下「保守管理事業者」という。）、施設を解体する事業者（以下「解体事業者」という。）、移動解体の対象となる設備を処理施設に運搬する事業者（以下「運搬事業者」という。）及びそれらの関係請負人など複数の事業者（以下「関係事業者」という。）が存在する。

　ダイオキシン類対策を効果的に推進するためには、これら関係事業者が相互に連携することが重要であり、関係事業者で構成する協議会を設置する必要がある。

　この協議会では、施設管理事業者及び保守管理事業者などが保有している廃棄物焼却施設ごとの運転状況、補修状況、各設備におけるダイオキシン類の付着状況などダイオキシン類対策に有効な情報を提供し、関係事業者の労働者に対するダイオキシン類へのばく露防止を図るために、具体的な推進方法等の協議を行う。

2　対策責任者、実施責任者及び作業指揮者の選任等

　施設管理事業者においては、関係事業者の労働者に対するダイオキシン類へのばく露防止対策を図るために、対策責任者を選任しなければならない。また、関係事業者においては、それぞれダイオキシン類対策の実施責任者を選任するものとされている。

　また、関係事業者においては、特別教育を実施すべき業務に係る作業を行うときは、作業指揮者を選任し、施設管理事業者が選任している対策責任者及び関係事業者が選任している実施責任者と連携の上、労働者の作業を指揮しなければならない。

3　各事業場における安全衛生管理体制の確立

　施設管理事業者、運転管理事業者、保守管理事業者、解体事業者及び関係請負人の事業者は、それぞれ労働安全衛生法に基づく安全衛生管理体制を確立する必要がある。

　労働安全衛生法においては、常時100人以上の労働者を使用する清掃業にあっては、総括安全衛生管理者、安全管理者、衛生管理者及び産業医を、常時50人以上の労働者を使用する清掃業にあっては、安全管理者、衛生管理者及び産業医を選任し、常時10人以上50人未満の労働者を使用する清掃業にあっては、安全衛生推進者を選任し、それぞれ所定の職務を行わせる。

　また、常時50人以上の労働者を使用する清掃業にあっては、安全衛生委員会を設け、労働災害防止に関する所要の事項を調査審議させる。

　さらに、解体事業者及び関係請負人の事業者については、同一の場所において、仕事の一部を請負人に請け負わせている事業者で、その労働者及び請負人の労働者の数が常時50人以上の労働者を使用する元方事業者にあっては、これらの労働者の作業が同一の場所において行われることによって生じる労働災害を防止するため、統括安全衛生責任者を選任し、必要な指導を行わせる。

第4章　作業指揮者の職務

　事業者は、運転、点検等作業又は解体作業を行うときは、作業指揮者を定め、その者に当該作業を指揮させるとともに、次の措置が法令に適合して講じられているかどうかについて点検させなければならない。

① 　運転の作業及び解体作業におけるダイオキシン類汚染物の発散源の湿潤化

② 　ダイオキシン類の濃度及び含有率の測定結果に応じた適切な保護具の使用

③ 　解体作業における設備の解体前の付着物の除去及び解体作業で生じたばいじん、焼却灰その他の燃え殻の除去

　労働者へのダイオキシン類ばく露防止措置を講ずる義務が事業者にあることは言うまでもないが、廃棄物焼却施設内における運転、点検等作業及び解体作業においては、作業現場の実務責任者である作業指揮者の役割は特に重要である。

　廃棄物焼却炉の運転、点検等作業及び解体作業において問題となるのは、ごく微量のダイオキシン類であり、事業者はそのばく露を防止するために、労働安全衛生規則第592条の6に基づきこれらの化学物質についての知識を有し、的確に職務を遂行する能力のある者を作業指揮者として選任する必要がある。

第5章　特別教育の対象業務

　廃棄物焼却施設関連作業におけるダイオキシン類ばく露を防止するためには、ダイオキシン類及びそのばく露防止措置について、関係労働者が十分に理解した上で作業を行う必要がある。

　このため、事業者は、労働安全衛生法第59条第3項の規定に基づき、労働安全衛生規則第36条第34号〜36号に定める廃棄物焼却施設関連における運転、点検等作業及び解体作業に従事する労働者に対して、特別の教育（特別教育）を行わなければならないとされている。

　特別教育の科目、範囲及び時間は、安全衛生特別教育規程第21条に定められており、これに従って特別教育を実施しなければならない。当該規程に準拠した特別教育のためのテキストとして、「ダイオキシン類のばく露を防ぐ－特別教育用テキスト－」（中央労働災害防止協会発行）がある。

表2　廃棄物の焼却施設に関する業務に係る特別教育における科目等
（安全衛生特別教育規程第21条）

科　　　目	範　　　囲	時　　　間
ダイオキシン類の有害性	ダイオキシン類の性状	0.5時間
作業の方法及び事故の場合の措置	作業の手順 ダイオキシン類のばく露を低減させるための措置 作業環境改善の方法 洗身及び身体等の清潔の保持の方法 事故時の措置	1.5時間
作業開始時の設備の点検	ダイオキシン類のばく露を低減させるための設備についての作業開始時の点検	0.5時間
保護具の使用方法	保護具の種類、性能、洗浄方法、使用方法及び保守点検の方法	1時間
その他ダイオキシン類のばく露の防止に関し必要な事項	法、令及び安衛則中の関係条項 ダイオキシン類のばく露を防止するため当該業務について必要な事項	0.5時間

第6章 空気中のダイオキシン類濃度測定及び汚染物の含有率の測定

　廃棄物の焼却施設において行われる運転、点検等作業及び解体作業を行う事業者は、まず施設の現状を的確に把握するために空気中のダイオキシン類濃度の測定及び設備内部の付着物に含まれるダイオキシン類含有率の測定を行う必要がある。

　このダイオキシン類濃度の測定結果により、焼却施設の環境状態の把握と改善の必要性の有無を判断するとともに、当該作業に従事する労働者の保護衣、保護メガネ、呼吸用保護具等を選択するための管理区域を決定することとなる。

　測定の実施に当たっては、測定が相当の知識と技術を要することや、測定結果により作業場の環境を評価し、保護具等が決定されることから、測定の質が労働者のばく露防止に与える影響は大きい。そのため、測定は専門の作業環境測定機関に依頼することが望ましい。また、ダイオキシン類の分析については、環境省が実施しているダイオキシン類の環境測定に関する精度管理指針に従って一定の水準を維持している機関に委託するようにする。サンプリングを実施した機関がダイオキシン類の分析を他の機関に委託している場合には、その委託先も確認しておく。

　ダイオキシン類は数多くの同族体から構成されているが（第2章1（10頁））、廃棄物の焼却施設ではPCDD、PCDF及びCo-PCBの同族体が測定対象となる。ダイオキシン類の量は、これらを別々に分析して同定した上で、同族体ごとに固有の毒性等価係数（TEF）を乗じて毒性等量（TEQ）（第2章2の参考（13頁）参照）を算出し、これらをすべて合計して表すのが一般的であることから、多くの同族体の微量分析が必要となる。

　表3は各々の試料での単位表示を示した。

表3　各々の試料での単位表示

	実測濃度	TEQ値
空気中ダイオキシン類	pg/m^3	$pg\text{-}TEQ/m^3$
焼却灰等中ダイオキシン類	$pg/g\text{-}dry$	$pg\text{-}TEQ/g\text{-}dry$
排水等中ダイオキシン類	pg/l	$pg\text{-}TEQ/l$

1　運転、点検等作業での空気中ダイオキシン類濃度の測定

　廃棄物の焼却施設においては、屋内屋外を問わず、運転作業及び保守点検等の作業が行われる場所について空気中のダイオキシン類濃度の測定が義務付けられている。ただし、中央制御室における監視制御業務のように、焼却灰及び飛灰に労働者がばく露するおそれのない作業は測定対象から除外される。

　運転、点検等作業では空気中のダイオキシン類の測定結果を用いて、作業場所の管理区域が決定され、環境改善の必要性の有無と、使用する保護具の種類が決定される。このことから施設を管理する事業者が行った空気中のダイオキシン類の測定結果は、当該施設において運転、点検等作業を行う他の事業者に周知することが求められている。

　なお環境中のダイオキシン類濃度は、焼却炉、煙道、集じん機等の発散源からの距離、焼却炉の運転条件、換気条件、温湿度等に大きく影響を受けるため、季節の異なる年2回の測定を実施することとされている。

(1)　運転作業における測定

　廃棄物の焼却施設においては、焼却炉の運転や集じん機の性能維持等のため、日常的に焼却炉、集じん機等の周囲で清掃や焼却灰の運搬、飛灰の固化等の作業が行われ、焼却炉、集じん機等の内部では灰出し作業と作業の支援、監視等が行われている。

　対策要綱では、このような焼却炉の運転等に必要な定常的な作業に加え、焼却炉を停止して行う定期補修作業のための焼却炉、集じん機等の内部で行う清掃等の燃え殻を取り扱う作業などの非定常作業も運転作業として挙げている。

　測定は、これらの作業が行われる場所を対象として、図2のステップを経て行う必要がある。

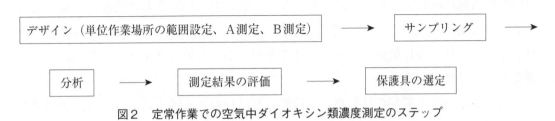

図2　定常作業での空気中ダイオキシン類濃度測定のステップ

① 単位作業場所の範囲の設定

　単位作業場所とは、労働者の作業中の行動範囲、ダイオキシン類の分布等の状況等に基づき定められる空気中のダイオキシン類濃度の測定のための区域である。

　すなわち、空気中のダイオキシン類の濃度は場所的にも時間的にも著しく変動するので、その濃度の実態を数量化することで、適切な保護具を選定する判断材料とする。

（参考）

　単位作業場所の範囲の設定の考え方；

　単位作業場所は有害物質の分布と労働者の行動範囲の重なった部分を管理対象として設定する。範囲の設定は必ずしも平面的な場所でなく、2階、3階に監視用の通路があり、1階と空気環境を共有している場合には、これらの空間をまとめて同一の単位作業場所として取り扱うことが可能である。

　同一の単位作業場所における空気中の総粉じんに含まれるダイオキシン類の割合は一定とみなすことができるので、単位作業場所ごとに少なくとも1点について空気中のダイオキシン類と粉じんを併行して測定してD値（ダイオキシン類濃度変換係数、以下単に「D値」という。）を算出することで、当該測定時における他の測定点については、デジタル粉じん計等による空気中の総粉じん濃度の測定により空気中のダイオキシン類濃度に換算することが可能となる。

---

② 測定方法

　1）測定の頻度

　運転、点検等作業における空気中のダイオキシン類の濃度の測定は、6月以内ごとに1回行う必要がある。1回目の測定において併行測定を行い単位作業場所ごとにD値を算出することで、それ以降に運転条件等に変更がなければ、2回目以降の測定においては当該D値を用いることができるため、空気中の総粉じんの濃度の測定で足りることとなる。ただし、施設、設備、作業工程又は作業方法について大幅な変更を行ったときは従来のD値を用いることはできず、あらためてダイオキシン類の濃度の測定を行う必要がある。

　また、保守点検作業が6月を超える期間ごとに行われる場合にあっては、その期間に合わせて測定を行うようにする。

　2）測定の時間帯

　測定は焼却炉、集じん機及びその他の装置の運転等の作業が定常状態で行われている時間帯に実施する。作業が定常の状態とは、必ずしも焼却炉等の設備が定常運転中

である状態を意味しているわけではなく、あらゆる定常作業に着目し、日常的に行われる作業を幅広く網羅するような時間帯を選定する必要がある。例えば、バッチ式の焼却炉においては、焼却炉の火入れから定常運転、現場巡視による設備機器の目視点検、運転停止、灰出し、清掃、灰固化等ダイオキシン類にばく露するおそれのある一連の作業を可能な限り含めるようにする。

　屋外での測定は、風向きや風の強さ、他の妨害物質等に十分注意するとともに、正確な測定が期待できない雨天、強風等の悪天候のときは避けるようにする。

　3）測定の位置

[作業場が屋内の場合]

　　a　測定は単位作業場所ごとに6m以下の間隔で等間隔で線を引きその交点で、床上50cm以上150cm以下の位置を測定点とする。交点に設備があるときはその測定点を除く。また、測定点の数は1単位作業場所につき5点以上とする。単位作業場所設定と測定点の例を図3〜4に示した。

　　b　粉じんの発散源に近接する場所において作業が行われる単位作業場所ではaで示したダイオキシン類の分布を求める測定のほか、当該作業が行われる時間のうち、粉じん濃度が最も高くなると思われる作業位置と時間帯で行う。

[作業場が屋外の場合]

　　作業場が屋外の場合、粉じん発散源が近接する場所ごとに、作業者位置付近で測定を行う。屋外での測定の例を図5に示す。

③　空気中総粉じん濃度の測定

　1）ろ過捕集方法及び重量分析方法による場合

試料の採取方法はローボリウムエアサンプラーを用いて、オープンフェイス型ホルダにろ過材としてグラスファイバーろ紙を装着し、吸引量は20〜30l/minで捕集する。サンプリング時間は各測定点につき10分間以上とする。

　2）デジタル粉じん計を用いる方法による場合

空気中粉じん濃度の測定についてはデジタル粉じん計を用いて測定することも可能である。測定時間は各測定点につき10分間以上とする。

④　空気中ダイオキシン類濃度測定

空気中粉じん濃度を空気中ダイオキシン類濃度に換算するためには、単位作業場所ごとにD値を求めるための空気中ダイオキシン類濃度の測定を行わなければならない。

単位作業場所の範囲、主な設備、発散源、測定点の配置等を示す図面

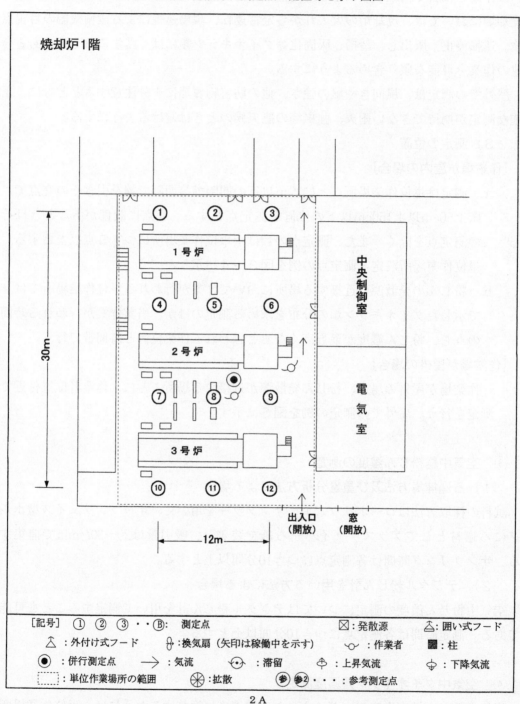

[記号] ① ② ③・・⑧: 測定点　　　　　　　　⊠:発散源　　　　⊿:囲い式フード
⊿:外付け式フード　　Ϙ:換気扇（矢印は稼働中を示す）　　ᴗ:作業者　　▨:柱
⦿:併行測定点　　→:気流　　⊙:滞留　　⊕:上昇気流　　⊖:下降気流
⸽:単位作業場所の範囲　　⊕:拡散　　参 参2・・・:参考測定点

2 A

図3　焼却施設の単位作業場所の設定例（屋内）

単位作業場所の範囲、主な設備、発散源、測定点の配置等を示す図面

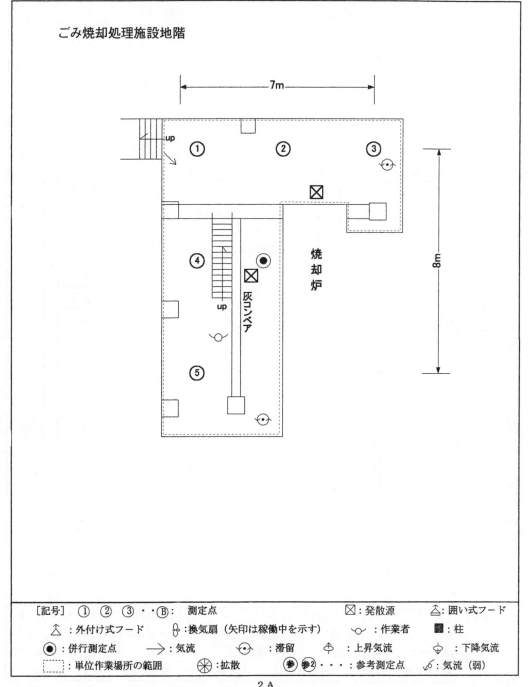

ごみ焼却処理施設地階

[記号]　①　②　③・・⑧：　測定点　　　　　　　　　　　　⊠：発散源　　　　🛆：囲い式フード

🛆：外付け式フード　　🚱：換気扇（矢印は稼働中を示す）　　◡：作業者　　🮖：柱

◉：併行測定点　　　→：気流　　⊙：滞留　　⊕：上昇気流　　⊖：下降気流

⬚：単位作業場所の範囲　　⊛：拡散　　参　参2・・・参考測定点　　⤾：気流（弱）

2 A

図4　焼却施設の単位作業場所の設定例（屋内）

単位作業場所の範囲、主な設備、発散源、測定点の配置等を示す図面

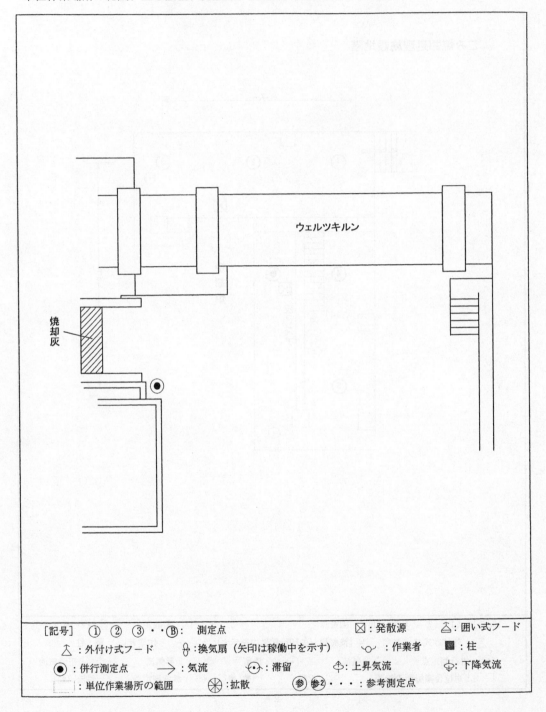

[記号] ① ② ③‥Ⓑ： 測定点　　　　　　　　　⊠：発散源　　　⍿：囲い式フード
　　　⍊：外付け式フード　　⑃：換気扇（矢印は稼働中を示す）　　⍦：作業者　　■：柱
　　◉：併行測定点　　⟶：気流　　⊶：滞留　　⌁：上昇気流　　⌁：下降気流
　　□：単位作業場所の範囲　　✳：拡散　　㋟㋟2‥‥：参考測定点

2A

図5　焼却施設での測定の例（屋外）

　空気中のダイオキシン類濃度測定はハイボリウムエアサンプラーを用いて粉じん捕集ろ紙とウレタンフォームを直列にセットできるダイオキシンサンプラー（写真１）を使用して捕集する必要がある。

　粉じん捕集ろ紙は、粉じんに吸着したダイオキシン類を捕集するためのものであり、ウレタンフォームは、粉じん捕集ろ紙で捕集できない微粒子状物質及びガス状ダイオキシン類を捕集するためのものである。

　測定位置は床上50cm以上150cm以下の位置で、吸引量は500〜1000l/minで実施する。その際、ガス状と粒子状ダイオキシン類を分別して分析するときは４時間以上の捕集が、ガス状と粒子状ダイオキシン類を合量として求めるときは２時間のサンプリングが必要となる（図６）。

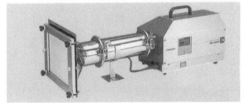

シャトルチューブ　ウレタンホルダー

写真１　ダイオキシンサンプラーの一例

ハイボリウムエアサンプラー

0.5〜1.5m

床面

図６　サンプリング高さ

[ガス状ダイオキシン類を分析する必要がある作業]
・運転作業において保護具を選定する場合のダイオキシン類の測定
・廃棄物焼却施設の解体作業前のダイオキシン類の測定
・高温でガス状ダイオキシン類の発生が予測される作業場所で、適切な保護具等の選定が不可欠である場合のダイオキシン類の測定

1） 併行測定

D値を算出するために以下の方法に従い、併行測定を行う必要がある。
・単位作業場所ごとに1以上の測定点で併行測定を行うこと。
・併行測定点での空気中の粉じん濃度測定は、空気中ダイオキシン類濃度測定のサンプリング時間と併行して行うこと。

$$D値 = \frac{空気中のダイオキシン類濃度（pg\text{-}TEQ/m^3）}{空気中の総粉じん濃度（mg/m^3又はcpm）}$$

但し、屋内の場合　温度25℃　　1気圧

屋外の場合　温度20℃　　1気圧

<注>空気中ダイオキシン類濃度＝ろ紙上の粉じん中ダイオキシン類濃度（pg-TEQ/m^3）＋ウレタンフォームに捕集されたガス状又は超微細粒子中のダイオキシン類濃度（pg-TEQ/m^3）

なお、併行測定は、以下2の保守点検作業においても空気中ダイオキシン類濃度の測定に掲げる方法にて行うこと。

2） D値を用いた空気中のダイオキシン類濃度の推定

各測定点の空気中の粉じん濃度はD値を乗ずることにより、ダイオキシン類濃度に変換して評価を行う必要がある。

空気中ダイオキシン類濃度（pg-TEQ/m^3）＝
D値×空気中の総粉じん濃度（mg/m^3又はcpm）

⑤ 管理すべき空気中のダイオキシン類濃度基準

管理すべき空気中ダイオキシン類濃度基準は2.5pg-TEQ/m^3と定められている。

⑥　管理区域の決定

管理区域の決定は、図7に従い決定する。

⑦　管理区域に基づく保護具の選定

管理区域が決定したならば、その管理区域に応じた保護具の選定を行う。作業の種類及び管理区域とその保護具の区分との関係は図7を参照のこと。

運転、点検等作業が行われる作業場における空気中のダイオキシン類濃度の測定（6月以内ごと）

屋内作業場での管理区域の決定

	第1評価値<2.5pg-TEQ/㎥	第2評価値≦2.5pg-TEQ/㎥≦第1評価値	第2評価値>2.5pg-TEQ/㎥
B測定値<2.5pg-TEQ/㎥	第1管理区域	第2管理区域	第3管理区域
2.5pg-TEQ/㎥≦B測定値≦3.75pg-TEQ/㎥	第2管理区域	第2管理区域	第3管理区域
3.75pg-TEQ/㎥<B測定値	第3管理区域	第3管理区域	第3管理区域

屋外作業場での管理区域の決定

測定値<2.5pg-TEQ/㎥	第1管理区域
2.5pg-TEQ/㎥≦測定値≦3.75pg-TEQ/㎥	第2管理区域
3.75pg-TEQ/㎥<測定値	第3管理区域

第2管理区域及び第3管理区域については、焼却灰等の粉じん、ガス状ダイオキシン類の防止対策（第3の2(2)のエ）

作業の種類		保護具の区分
炉等内における灰出し、清掃、保守点検等の作業		レベル2（ただし第3管理区域であればレベル3）
炉等外における焼却灰の運搬、飛灰の固化、清掃、運転、保守点検、作業の支援、監視等の業務	1pg-TEQ/㎥<ガス体の測定値	レベル2（ただし第3管理区域であればレベル3）
	ガス体の測定値<1pg-TEQ/㎥	レベル1

図7　運転、点検等作業における空気中のダイオキシン類濃度の測定結果による保護具の選定
（対策要綱　別紙4　一部改変）

　管理区域とは；

　廃棄物の焼却施設における運転、点検等の作業については、空気中のダイオキシン類の濃度の測定結果に応じて、作業場を第1管理区域から第3管理区域までに分類することとされている。ダイオキシン類ばく露防止のために使用する保護具は、管理区域に応じたものを選定することとされている。なお保護具の使用は、その重さや行動範囲の制約等着用する労働者に負担となることが多いため、単に高いレベルの保護具を選定すればよいわけではなく、作業場の状況に応じて必要かつ十分な保護具を選定する必要がある。

⑧　測定結果の記録の保存

　測定結果は、測定者、測定場所を示す図面、測定日時、天候、温度・湿度等測定条件、測定機器、測定方法、ダイオキシン類濃度等を記録し、30年間保存しなければならない。**別添1**（41頁）には作業環境測定の記録のモデル様式をダイオキシン類用に一部修正した記録の保存の例を参考として示した。また、ダイオキシン類分析機関からのダイオキシン類分析結果の報告例を別添2（46頁）に示した。

2　保守点検作業における空気中ダイオキシン類濃度の測定

　廃棄物の焼却施設においては、年に1ないし2回程度の焼却炉の運転を停止しての定期的な点検補修作業が行われているが、この作業のうち燃え殻を取り扱う作業以外の作業は、すべて対策要綱における保守点検作業に該当する。定期的な点検補修作業であっても燃え殻を取り扱う作業は運転の作業として取り扱うこととなるので、一見ダイオキシン類のばく露のおそれが小さいように思われるが、保守点検作業においては、耐火煉瓦の張替え等のように発じんを伴う作業があることや焼却炉等の内部における作業は、発生したダイオキシン類が滞留するおそれがあること等に留意する必要がある。

　保守点検作業においては、定常作業と異なり時間帯は一定しないが、原則として、当該作業が行われている時間帯に測定を行うこととする。

　焼却炉等の外部での保守点検作業における測定は、運転作業の場合と同様である。以下に焼却炉等内における保守点検作業における測定についての考え方を示す。

⑴　単位作業場所及び測定の位置

①　原則として、焼却炉等の内部全体を単位作業場所として、焼却炉等の平面図に6m以下の間隔で縦横に線を引き、その交点で床上50cm以上150cm以下の位置

を測定点とする。交点に設備があるときはその測定点を除く。焼却炉等の内部が狭い場合は、線の間隔を調整するか又は時間をおいて同一の点を測定する（時間的変動）ことにより、測定点の数は単位作業場所につき5点以上とする。

②　焼却炉等の内部に特定の発散源が考えられ、それに近接する場所において作業が行われる場合は、①に定める測定のほか、当該作業が行われる時間のうち、粉じん濃度が最も高くなる時間帯に、労働者位置付近で測定を行う必要がある。

③　併行測定はハイボリウムエアサンプラーを用いて粒子状ダイオキシン類とガス状ダイオキシン類の濃度の測定を行い、D値を算出し、測定した空気中総粉じん濃度に乗じて、空気中ダイオキシン類濃度を算出する。

　なお、焼却炉等の内部の粉じん濃度が著しく高いと、対策要綱に規定された時間サンプリングを行った場合に、粉じん捕集ろ紙の目詰まりによる圧力損失の上昇、ろ紙上に捕集した粉じんの脱落等により測定結果に誤差を生ずるおそれがある。このため、粉じん濃度が著しく高い条件下におけるダイオキシン類濃度の測定においては、デジタル粉じん計等随時粉じん濃度の測定が可能な機器を用いて併行測定することにより、ハイボリウムエアサンプラーに捕集される粉じん量が10mg程度となるようサンプリング時間を決定して差し支えない。

(2)　焼却炉等の内部が著しく狭い場合

①　焼却炉等の内部が著しく狭く（概ね30m^{2}未満）、当該内部におけるダイオキシン類の濃度がほぼ一定であることが明らかなときは、焼却炉等の内部全体を単位作業場所として、上記(1)の①の測定を測定点を5未満として実施するか、又は上記(1)の②の測定のみを行うことができる。この場合、保護具の選定等は、屋外における測定と同様に取り扱う。

②　併行測定はハイボリウムエアサンプラーを用いて粒子状ダイオキシン類とガス状ダイオキシン類の濃度の測定を行ってD値を求め、測定した空気中総粉じん濃度に掛けて、空気中ダイオキシン類濃度を算出する。

(3)　焼却炉等の外部で行った併行測定から算出したD値の活用

　焼却炉等の内部の空気環境は、保守点検作業でその出入り口が開放されていても外部とはほぼ独立していることからその内部を単位作業場所として取り扱い、併行測定はそのうちの1点で行うが、焼却炉等の内部が狭い等の理由により、ハイボリウムエアサンプラーを設置して内部で併行測定を行うことは実用的でない場合も多い。

　このため、焼却炉等の内部においてはデジタル粉じん計等による空気中の総粉じん

濃度のみの測定とし、焼却炉等の外部の出入り口の近傍において行ったダイオキシン類の濃度及びデジタル粉じん計等による空気中の総粉じんの濃度の測定（併行測定）の結果から求めたD値を用いて焼却炉等の内部における空気中のダイオキシン類の濃度を算出することとして差し支えない。

ア　本規定は、突発的な設備故障等が発生した場合に、空気中のダイオキシン類の測定結果を待たずに緊急の復旧作業（解体作業に該当する場合を除く。）を行うことを妨げるものではないが、通常運転時等における空気中のダイオキシン類の濃度から当該作業におけるダイオキシン類濃度を推定する等により、労働安全衛生規則第592条の5に基づく適切な保護具を選定する必要がある。

イ　測定結果を関係労働者に効率よく周知する方法として、労働者が見やすい場所に掲示する方法がある。

3　解体作業及び残留灰を除去する作業における空気中ダイオキシン類濃度の測定、汚染物のサンプリング調査

解体作業については、作業を行う前の空気中ダイオキシン類濃度の測定、作業を行う前の汚染物のサンプリング調査、作業中の空気中ダイオキシン類濃度の測定の3つが必要である。残留灰を除去する作業については、作業を行う前の空気中ダイオキシン類濃度の測定、作業中の空気中ダイオキシン類濃度の測定の2つが必要である。特に、足場の組立て、付着物除去、解体作業及び残留灰を除去する作業を行うために必要な適切な保護具の選定は、以下の(1)及び(2)の結果に基づき行うようにする。

(1)　解体作業及び残留灰を除去する作業前の空気中ダイオキシン類濃度の測定

測定の方法は1の運転、点検等作業での空気中ダイオキシン類濃度の測定と同様なので、詳細は1を参照のこと。

解体作業前の測定については、焼却施設管理者が解体作業開始前6月以内に測定を行っている場合には、その測定結果を用いることができる。

さらに焼却炉、集じん機等の設備の外部の土壌に堆積したばいじん、焼却灰その他の燃え殻の堆積場所に関する情報等がある場合にはこれを解体作業前に解体作業を行う事業者に提供しなければならない。

ただし、隣接する焼却炉等も含め、すべての運転を休止した後1年以上を経過した焼却施設の解体作業を行う場合（過去1年以内に灰出し作業、定期補修作業等粉じんの発生を伴う作業が行われているもの及び処理施設における解体作業を除く。）には、作業前の測定を省略し、保護具の選定に当たっては、測定結果を2.5pg-TEQ/m^3

未満とみなして行う。

(2)　解体対象設備の汚染物のサンプリング調査

　労働安全衛生規則第592条の2の定めにより、解体対象施設の汚染物のサンプリング調査を事前に実施することが求められている。サンプリングの方法は図8のとおりであるが、汚染物のサンプリング調査時にはレベル3の保護具を着用して作業を行う必要がある。

　ただし、廃棄物の焼却施設を管理する事業者が、解体作業開始6月以内に解体作業を行う作業場で空気中ダイオキシン類濃度の測定を行っており、その結果を用いる場合には、レベル2の保護具を着用して作業を行ってもよい。

　汚染物のサンプリングは、労働安全衛生規則第592条の2第2項により解体工事事業者が行うこととされており、解体作業を開始する前6月以内に行うことを原則とする。ただし、解体方法の決定、保護具の準備等を円滑に行うため、過去1年以内に行われた定期補修時にサンプリング、分析されたデータがあれば使用が可能である。この場合、廃棄物の焼却施設を管理する事業者が行ったサンプリング、分析であっても、その結果の妥当性（サンプリング後に運転条件が変更されていないか等）や必要な対象物が網羅されているかどうか等の判断は解体工事事業者が行う。

　ア　廃棄物の焼却施設を管理する事業者は、使用を廃止した廃棄物の焼却施設について、焼却炉等の設備の解体作業に先立ち、設備内部のダイオキシン類を含む付着物の除去作業を請け負わせるときは、当該作業を行う事業者が行ったサンプリング調査の結果等を当該事業者から入手の上、これを保存し、解体作業を行う事業者に提供することが求められている。

　イ　移動解体に伴う運搬を他の事業者に請け負わせる場合には、取り外し作業を

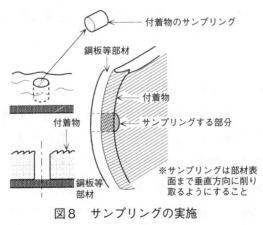

図8　サンプリングの実施

行った事業者は、請け負った事業者に対し、空気中のダイオキシン類の測定及び解体作業の対象設備の汚染物のサンプリング調査の結果、取外し作業の概要及び移送に当たり留意すべき事項に関する情報を提供する。

表4　対象設備及び対象物

対象設備	対　象　物
焼却炉本体	炉内焼却灰、炉壁付着物
廃熱ボイラー	廃熱ボイラー缶外付着物
煙突	煙突下部付着物
煙道	煙道内付着物
除じん装置	装着内堆積物、装置内壁面等付着物
排煙冷却設備	設備内付着物
排水処理設備	排水処理設備内付着物
その他の設備	付着物

① 　サンプリング調査の対象設備及び対象物

サンプリング調査の対象設備及び対象物を表4に示した。

なお、サンプリング対象物におけるダイオキシン類含有量が同程度であることが客観的に明らかである場合は、必ずしもすべての対象物においてサンプリングする必要はない。その例を下記に示した。

a　除じん装置の汚染物においてダイオキシン類含有量が3000pg-TEQ/g-dry以下の濃度である場合の焼却炉本体、廃熱ボイラー、煙突及び煙道におけるサンプリングの省略（廃棄物焼却施設運転中のダイオキシン類の測定結果により、除じん装置の汚染物における含有量が最も高いことが明らかである場合に限る）

b　煙突と煙道が一体となっている場合の一方の設備におけるサンプリングの省略

c　小規模施設で設備ごとの区分ができない場合のサンプリングの一括化

② 　解体中の空気中ダイオキシン類濃度の測定

解体中の作業においても、単位作業場所ごとに工期内で1回以上空気中ダイオキシン類濃度の測定を行う必要がある。工期が中断する場合には、各々の工期で測定をしなければならない。また、測定した結果は記録し、その記録を30年間保存することとされている。その記録様式の例を表5（36頁）に示した。

測定の方法は1の運転、点検等作業での空気中ダイオキシン類濃度の測定と同様で

あるので、詳細については1を参照のこと。

③　サンプリング調査の記録及び記録の保存

　サンプリング調査を実施したときは、採取年月日及び時刻、採取実施者名、温度・湿度、サンプリング調査方法（方法及び使用した工具等）及びサンプリング調査の箇所を示す写真と図面等の各項目について記録し、その記録を30年間保存しなければならない。その記録様式の例を表6（37頁）に示した。また、参考までにダイオキシン類分析機関からの報告の例を別添2（46頁）に示した。

④　追加的サンプリング調査の実施

　汚染物のサンプリング調査の結果、3000pg-TEQ/g-dryを超えるダイオキシン類が認められたときはその周囲の箇所（少なくとも1カ所以上）における汚染状況の追加調査を行わなければならない。

（参考）

　飛灰中及び焼却灰中ダイオキシン類濃度；

　飛灰中ダイオキシン類濃度と焼却灰中ダイオキシン類濃度を比較した調査結果の例を表に示したが、飛灰中の方が焼却灰中の濃度より高値であることは明らかである。調査結果では飛灰中が焼却灰中の約18倍高いダイオキシン類濃度を認めている。焼却灰中ダイオキシン類濃度は大部分の焼却灰が3000pg-TEQ/g-dry以下であるが、この調査例では2/20施設で3000pg-TEQ/g-dryを超える濃度が認められているので、焼却灰も注意する必要がある。

飛灰中及び焼却灰中ダイオキシン類濃度　　＜注＞単位；ng-TEQ/g-dry

	飛　　灰	焼　却　灰
n	20	20
平　　均	23.685	1.320
標準偏差	40.412	2.852
最　　大	162.233	10.403
最　　小	0.013	0.001未満

表 5　解体中の空気中ダイオキシン類濃度の測定結果

No.	測定日	測定場所	測定時間	測定実施者	温湿度	サンプリング機関	ダイオキシン類分析機関	粉じん量 (mg/m³)	測 定 結 果			備 考
									ガス状ダイオキシン類 (pg-TEQ/m³)	粒子状ダイオキシン類 (pg-TEQ/m³)	ダイオキシン類(合計) (pg-TEQ/m³)	

表6　汚染物のサンプリング調査記録様式の例

No.	採取年月日	時刻	サンプリング箇所	採取実施者名	温湿度	汚染物の種類	サンプルの形状	サンプリング量	ダイオキシン類分析機関名	汚染物中ダイオキシン類濃度	備　考
1						飛灰	粉体	約100 g		pg-TEQ/g	
2						焼却灰	粉体	約100 g		pg-TEQ/g	
3						じん埃	固体	約10 g		pg-TEQ/g	
4						排水	液体	約1 ℓ		pg-TEQ/ℓ	

⑤　サンプリング方法の選択

　汚染物のサンプリングにあたり、炉壁等に付着している付着物の性状をよく観察し、サンプルの偏りがないことに注意する必要がある。その際、過去のメンテナンス等の記録を踏まえ、客観的に設備内で最も汚染されると考えられる箇所をサンプリングすることが重要となる。

　サンプル量は10g以上（乾燥重量）必要である。図8（33頁）は炉壁等に層状に堆積した付着物のサンプリングの例である。

⑶　解体作業管理区域の決定と保護具の選定

　解体作業前の空気中ダイオキシン類濃度測定の結果と汚染物のサンプリング調査結果に基づき、解体作業管理区域を決定する。解体作業における焼却施設の測定結果等による管理区域の決定及び保護具の選定は、対策要綱の別紙5（図9）を参照のこと。

①　解体作業第1管理区域

次のいずれかを満たす場合を解体作業第1管理区域とする。

a　汚染物サンプリング調査の結果 $d < 3000$（pg-TEQ/g-dry）（連続して粉じん濃度測定を行う場合、$S < 2.5$（pg-TEQ/m^3））の場合

b　汚染物サンプリング調査の結果 $d < 4500$（pg-TEQ/g-dry）（連続して粉じん濃度測定を行う場合、$S < 3.75$（pg-TEQ/m^3））で、構造物の材料見本（使用前のもの）等と比べ客観的に付着物除去がほぼ完全に行われている場合

②　解体作業第2管理区域

次のいずれかを満たす場合を解体作業第2管理区域とする。

a　汚染物サンプリング調査の結果3000（pg-TEQ/g-dry）$\leqq d < 4500$（pg-TEQ/g-dry）（連続して粉じん濃度測定を行う場合は、2.5（pg-TEQ/m^3）$\leqq S < 3.75$（pg-TEQ/m^3））の場合

b　汚染状況の把握は困難であるものの、周囲の設備の汚染状況から見てダイオキシン類で汚染されている可能性が低い径の小さいパイプ等

解体作業が行われる場所の空気中のダイオキシン類濃度の測定結果
（第3の3の（4）のア）

	第1評価値＜ 2.5pg-TEQ/㎥	第2評価値≦ 2.5pg-TEQ/㎥ ≦第1評価値	第2評価値＞ 2.5pg-TEQ/㎥
B測定値＜2.5 pg-TEQ/㎥	第1管理区域	第2管理区域	第3管理区域
2.5pg-TEQ/㎥ ≦B測定値≦ 3.75pg-TEQ/㎥	第2管理区域	第2管理区域	第3管理区域
3.75pg-TEQ/㎥ ＜B測定値	第3管理区域	第3管理区域	第3管理区域

・設備に付着する汚染物のサンプリング調査（第3の3の（4）のイの（イ）のa～hの対象設備）

・3000pg-TEQ/g＜サンプリング調査結果（d）

・追加サンプリング（第3の3の（4）のイの（ウ））

汚染除去・解体作業中、デジタル粉じん計等により連続した粉じん濃度測定等を行わない計画の場合

汚染物のサンプリング調査結果d（pg-TEQ/g）に基づき、保護具選定に係る管理区域を決定する

	上表の第1管理区域	上表の第2管理区域	上表の第3管理区域
d＜3000pg-TEQ/g	保護具選定に係る第1管理区域	保護具選定に係る第2管理区域	保護具選定に係る第3管理区域
3000≦d＜4500pg-TEQ/g	保護具選定に係る第2管理区域	保護具選定に係る第2管理区域	保護具選定に係る第3管理区域
4500pg-TEQ/g≦d	保護具選定に係る第3管理区域	保護具選定に係る第3管理区域	保護具選定に係る第3管理区域

・ガス状ダイオキシン類の発生するおそれのある作業
・解体対象設備のダイオキシン類汚染状況が不明

保護具選定に係る第3管理区域

汚染除去・解体作業中、デジタル粉じん計等により連続した粉じん濃度測定等を行う計画の場合

過去の作業事例等から予想される粉じん濃度（g/㎥）に汚染物のサンプリング調査結果d（pg-TEQ/g）を乗じた値S（pg-TEQ/㎥）に基づき、保護具選定に係る管理区域を決定する場合には、予想される粉じん濃度の算定根拠を示すこと。

	上表の第1管理区域	上表の第2管理区域	上表の第3管理区域
S＜2.5pg-TEQ/㎥	保護具選定に係る第1管理区域	保護具選定に係る第2管理区域	保護具選定に係る第3管理区域
2.5pg-TEQ/㎥ ≦S＜3.75pg-TEQ/㎥	保護具選定に係る第2管理区域	保護具選定に係る第2管理区域	保護具選定に係る第3管理区域
3.75pg-TEQ/㎥≦S	保護具選定に係る第3管理区域	保護具選定に係る第3管理区域	保護具選定に係る第3管理区域

・ガス状ダイオキシン類の発生するおそれのある作業
・解体対象設備のダイオキシン類汚染状況が不明

保護具選定に係る第3管理区域

保護具選定に係る第1管理区域	レベル1
保護具選定に係る第2管理区域	レベル2
保護具選定に係る第3管理区域	レベル3
保護具選定に係る汚染状況が判明しない	レベル3
高濃度汚染物（3000pg-TEQ/g＜d）を常時直接取り扱う	レベル4

図9　解体作業における焼却施設の測定結果等による保護具の選定（対策要綱　別紙5）

③ 解体作業第3管理区域

次のいずれかを満たす場合を解体作業第3管理区域とする。

a 汚染物サンプリング調査結果、4500（pg-TEQ/g-dry）≦ d（連続して粉じん濃度測定を行う場合、3.75（pg-TEQ/m³）≦ S）で、付着物除去を完全に行うことが困難な場合

b ダイオキシン類による汚染の状態が測定困難又は不明な場合

c 汚染状況の把握は困難であり、周囲の設備の汚染状況から見てダイオキシン類で汚染されている可能性があるパイプ等構造物

4 運搬作業における空気中ダイオキシン類濃度及び汚染物濃度について

移動解体において、取り外し作業を行った事業者は、運搬を他の事業者に請け負わせる場合は、請け負った事業者に対し、空気中のダイオキシン類の測定及び解体作業の対象設備の汚染物のサンプリング調査の結果を、取り外し作業の概要と移送にあたり留意すべき事項に関する情報と併せて提供することが求められている。

5 ダイオキシン類濃度が低いと思われる焼却炉の特例

空気中のダイオキシン類濃度が低いと思われる焼却炉については1回目からの空気中の総粉じん濃度を測定し、厚生労働省の通知に示される標準的なD値をもとに空気中ダイオキシン類濃度を推定しても差し支えないこととされている。ただし、下記の要件をすべて満たす焼却炉であり、標準的なD値が示されていることが前提となる。

① ダイオキシン類対策特別措置法第28条に定めるばいじん及び焼却灰、その他の燃え殻のダイオキシン類の測定結果が3000pg-TEQ/g-dryより低いこと。

② 屋外に設置された焼却炉であること。

③ 単一種類の物を焼却する専用の焼却炉であること。

6 周辺環境等の調査

すべての解体作業及び残留灰を除去する作業終了後、当該施設と施設外の境界部分及び残留灰を除去する作業を完了した箇所において環境調査を行うこととされている。対象としては空気、土壌等が考えられるが、解体作業及び残留灰を除去する作業中の空気中のダイオキシン類の濃度の測定結果等を踏まえ、必要に応じて実施する。

別添1

保存　30年

年　　月　　日

報告書（証明書）番号 _____

ダイオキシン類作業環境測定結果報告書（証明書）

_____ 殿

　貴事業場より委託を受けた作業環境測定の結果は、下記及び別紙作業環境測定結果記録表に記載したとおりであることを証明します。

測定を実施した作業環境測定機関

① 名称		② 代表者職氏名	
③ 所在地（TEL、FAX）			
④ 登録番号		⑤ 統一精度管理の参加	年度　No.　無
⑥ 連絡担当作業環境 　測定士氏名		⑦ 登録に係る指定作業 　場の種類	第 1　2　3　4　5

測定を委託した事業場等

⑧ 名称	
⑨ 所在地（TEL、FAX）	

記

1. 測定を実施した単位作業場所の名称　：

2. 測定した物質の名称及び管理すべき濃度　：

3. 測定年月日　：　　　　年　　　　月　　　　日

4. 測定結果

A 測定結果（幾何平均値）	（pg-TEQ／m³）	区域
B 測定値	（pg-TEQ／m³）	区域

管理区域（作業環境管理の状態）	第　　管理区域

5. 当該単位作業場所における管理区域等の推移（過去4回）

測定年月日	年　　月			年　　月			年　　月			年　　月(前回)		
A 測定結果	I	II	III	I	II	III	I	II	III	I	II	III
B 測定結果	I	II	III	I	II	III	I	II	III	I	II	III
管理区域	第1	第2	第3	第1	第2	第3	第1	第2	第3	第1	第2	第3

作業環境測定結果記録表

報告書（証明書）番号 _____

1. 測定を実施した作業環境測定士

	デザイン	サンプリング	分析	他機関分析依頼
⑪ 氏名又は、名称				
⑫ 登録番号	ー	ー	ー	ー

2. 測定対象物質等

⑬ 測定対象物質の名称	

3. サンプリング実施日時

	実施日	開始時刻（イ）	終了時刻（ロ）	時間（ロ）ー（イ）
⑲ A測定	年　月　日	時　分	時　分	分間
⑳ B測定	年　月　日	時　分	時　分	分間

4. 単位作業場所の概要

㉑ 単位作業場名				
㉒ 単位作業場所 No.		㉓ 単位作業場所の広さ	㎡	㉔ A測定の測定点の数

㉕　単位作業場所の範囲を決定した理由

　(1) 有害物の濃度の分布の状況

　(2) 労働者の作業中の行動範囲

　(3) 単位作業場所の範囲

㉖ 併行測定を行う測定点を決定した理由

㉗ B測定の測定点と測定時刻を決定した理由

5　単位作業場所の範囲、主要な設備、発生源、測定点の配置等を示す図面

〔記号〕①、②、③……：A測定点　Ⓑ：B測定点　◉：併行測定点　⊠：発散源
　　　　⌂：囲い式フード　△：外付け式フード　←：気流方向　⟲：気流滞留状態
　　　　▽：作業者位置　　　▽：作業者移動位置　⌐ ⌐：単位作業場所の範囲
　　　　⊠：換気扇又は扇風機
※単位作業場所の縦・横の寸法は必ず記入すること。その他必要な事項については記載要領を参照。

6. 測定データの記録

【A 測定データ】

㉜測定方法 ㉞No.	㉝ 質量濃度 (mg/m³)	㉟ 相対濃度 (cpm)	㊱ ﾀﾞｲｵｷｼﾝ 類濃度 (pg-TEQ/m³)	㉜測定方法 ㉞No.	㉝ 質量濃度 (mg/m³)	㉟ 相対濃度 (cpm)	㊱ ﾀﾞｲｵｷｼﾝ 類濃度 (pg-TEQ/m³)
1				11			
2				12			
3				13			
4				14			
5				15			
6				16			
7				17			
8				18			
9				19			
10				20			

【B 測定データ】

㊳ C_B			

7. サンプリング実施時の状況

㊴ サンプリング実施時に当該単位作業場で行われていた作業、設備の稼働状況等及び測定値に影響を
及ぼしたと考えられる事項の概要

〔作業工程と発散源及び作業者数〕

〔設備、排気装置の稼働状況〕

〔ドア、窓の開閉状況〕

〔当該単位作業場所の周辺からの影響〕

〔各測定点に関する特記事項〕

天候		温度	℃	湿度	%	気流	~	m/s

<u>報告書（証明書）番号</u>

8. 試料採取方法（ダイオキシン類、総粉じん）

		ダイオキシン類	総粉じん	
㊶	試料採取方法	ろ過捕集	ろ過捕集	相対濃度指示法
㊷	捕集器具名及び型式			
㊸	吸引流量（1／min）			
㊹	捕集時間　　（分）			
㊺	捕集空気量　（m³）			

9. ダイオキシン類濃度及び総粉じん濃度の分析方法等

		ダイオキシン類	総粉じん
㊻	分析方法	ガスクロマトグラフー質量分析法	重量法
㊼	使用機器名及び型式		

10. D値の決定

㊿	併行測定	実施日	開始時刻（イ）	終了時刻（ロ）	時間（ロ）－（イ）
		年　　月　　日	時　　　分	時　　　分	分間
㊾	空気中のダイオキシン類濃度				(pg-TEQ/m³)
㊿	空気中の総粉じん濃度				(mg/m³)・(cpm)
54	D値		$D値 = \dfrac{空気中のダイオキシン類濃度(pg\text{-}TEQ/m³)}{空気中の総粉じん濃度(mg/m³)・(cpm)}$		

11. 測定結果　　　　　　　　　　　　　　　　　　〔濃度表示単位：pg-TEQ/m³〕

A測定	�71	幾何平均値	$M_1 =$	$M_2 =$	$M =$
	㊟72	幾何標準偏差	$\sigma_1 =$	$\sigma_2 =$	$\sigma =$
	㊟73	第1評価値	$E_{A1} =$		
	㊟74	第2評価値	$E_{A2} =$		
B測定	㊟75		$C_B =$	$C_B／1.5 =$	

12. 評価

㊟79	評価日時				
㊟80	評価箇所				
評価結果	㊟81	管理濃度	$E = 2.5$ pg-TEQ/m³		
	㊟82	A測定の結果	$E_{A1} < E$	$E_{A1} \geqq E \geqq E_{A2}$	$E_{A2} > E$
	㊟83	B測定の結果	$C_B < E$	$E \times 1.5 \geqq C_B \geqq E$	$C_B > E \times 1.5$
	㊟84	管理区域	第1	第2	第3
㊟85	評価を実施した者の氏名				

別添2

表　空気中ダイオキシン類分析結果の報告の例

	同族体・異性体	実測濃度 pg/m³	定量下限 pg/m³	検出下限 pg/m³	TEF*	毒性等量 pg-TEQ/m³
ダイオキシン	2,3,7,8-TeCDD		0.025	0.007	1	
	1,2,3,7,8-PeCDD		0.022	0.006	1	
	1,2,3,4,7,8-HxCDD		0.06	0.02	0.1	
	1,2,3,6,7,8-HxCDD		0.05	0.01	0.1	
	1,2,3,7,8,9-HxCDD		0.05	0.01	0.1	
	1,2,3,4,6,7,8-HpCDD		0.09	0.03	0.01	
	OCDD		0.13	0.04	0.0003	
ジベンゾフラン	2,3,7,8-TeCDF		0.020	0.006	0.1	
	1,2,3,7,8-PeCDF		0.025	0.007	0.03	
	2,3,4,7,8-PeCDF		0.011	0.003	0.3	
	1,2,3,4,7,8-HxCDF		0.028	0.008	0.1	
	1,2,3,6,7,8-HxCDF		0.015	0.004	0.1	
	1,2,3,7,8,9-HxCDF		0.04	0.01	0.1	
	2,3,4,6,7,8-HxCDF		0.05	0.01	0.1	
	1,2,3,4,6,7,8-HpCDF		0.022	0.007	0.01	
	1,2,3,4,7,8,9-HpCDF		0.030	0.009	0.01	
	OCDF		0.07	0.02	0.0003	
ダイオキシン	TeCDDs		–	–	–	–
	PeCDDs		–	–	–	–
	HxCDDs		–	–	–	–
	HpCDDs		–	–	–	–
	OCDD		–	–	–	–
	Total PCDDs		–	–	–	–
ジベンゾフラン	TeCDFs		–	–	–	–
	PeCDFs		–	–	–	–
	HxCDFs		–	–	–	–
	HpCDFs		–	–	–	–
	OCDF		–	–	–	–
	Total PCDFs		–	–	–	–
Total PCDDs＋PCDFs			–	–		
コプラナーPCB	#81　3,4,4' ,5-TeCB		0.031	0.009	0.0003	
	#77　3,3' ,4,4' -TeCB		0.06	0.02	0.0001	
	#126　3,3' ,4,4' ,5-PeCB		0.06	0.02	0.1	
	#169　3,3' ,4,4' ,5,5' -HxCB		0.06	0.02	0.03	
	#123　2' ,3,4,4' ,5-PeCB		0.06	0.02	0.00003	
	#118　2,3' ,4,4' ,5-PeCB		0.07	0.02	0.00003	
	#105　2,3,3' ,4,4' -PeCB		0.08	0.02	0.00003	
	#114　2,3,4,4' ,5-PeCB		0.08	0.02	0.00003	
	#167　2,3' ,4,4' ,5,5' -HxCB		0.07	0.02	0.00003	
	#156　2,3,3' ,4,4' ,5-HxCB		0.05	0.01	0.00003	
	#157　2,3,3' ,4,4' ,5' -HxCB		0.05	0.02	0.00003	
	#189　2,3,3' ,4,4' ,5,5'-HpCB		0.06	0.02	0.00003	
	non-*ortho* PCBs		–	–		
	mono-*ortho* PCBs		–	–		
Total Coplanar PCBs			–	–		
Total PCDDs+PCDFs+PCBs			–	–		

*TEF：Toxic Equivalency Factor、毒性等価係数（WHO/IPCS（2006））
備考：①1,2,3,7,8-PeCDFは1,2,3,4,8-PeCDFと1,2,3,4,7,8-HxCDFは1,2,3,4,7,9-HxCDFとクロマトグラム上で分離できていないため、
　　　それらを含んだ濃度である。
　　　②実測濃度中の括弧付きの数値は検出下限以上定量下限未満の濃度を示す。
　　　③実測濃度中のNDは検出下限未満である。
　　　④毒性等量は、定量下限未満の実測濃度を0（ゼロ）として算出したものである。

第7章 焼却施設関連作業におけるばく露防止対策

1 運転、保守点検及び解体の作業に共通する対策

廃棄物焼却施設における運転、保守点検、解体の各作業に共通したダイオキシン類ばく露防止対策として、発散源の湿潤化が求められている。

(1) 湿潤化の必要性

労働安全衛生規則第36条第34号（廃棄物の焼却施設においてばいじん及び焼却灰その他の燃え殻を取り扱う業務）及び第36号（廃棄物焼却炉、集じん機等の設備の解体等の業務及びこれに伴うばいじん及び焼却灰その他の燃え殻を取り扱う業務）に係る作業については、労働安全衛生規則第592条の4において、当該作業を行う作業場におけるダイオキシン類を含む物の発散源を湿潤な状態とすることが義務付けられている。

これは、ダイオキシン類が、ばいじん、焼却灰などに含まれていることから、これらを取り扱う作業中に発生する粉じん量を低減化することを目的としたものである。

なお、作業指揮者は対象作業を指揮するとともに、ダイオキシン類を含む物の発散源の湿潤化の確認をしなければならない。

(2) 湿潤化の程度

湿潤化に当たっては、粉じんの発散源を発じんしない程度に湿らせることが求められており、必ずしも大量の水をかける必要はないものである。

特に運転中の施設においては、大量に水をかけるとその排水の回収・処理が困難な場合や、耐火物や周辺機器を損傷する場合もあることから注意が必要である。

しかし、水洗いが可能であればそのばく露防止効果は大きいことから、作業内容と作業場所を考慮して適切な湿潤化方法を選択することが重要である。

例えば、焼却炉内の清掃を行う場合、散水して火格子上の灰を湿らせるだけでも、清掃時の発じんをかなり減少させることができる。さらに、火格子上に水をまいても問題ない構造であれば、水洗いすることにより発じんを最小限にすることが可能であ

る。

(3) 湿潤化の除外

　ろ過式集じん機については、ろ布の材質及び機能確保の観点から湿気を避けなければならないため、湿潤化することができない。このように発散源を湿潤な状態にすることが著しく困難なときは、労働安全衛生規則第592条の４ただし書きにおいて湿潤化が除外されている。

(4) 湿潤化の具体例

　湿潤化の具体例としては、前述の炉内清掃時の灰への散水のほか、火格子下シュートの清掃、煙突・煙道の清掃、作業場所の床清掃、灰クレーンバケット等の設備・器具に付着した灰の除去作業、作業靴の底に付着した灰の拭き取り、などに際しての湿潤化が挙げられる。

　飛灰については、セメント固化、薬剤処理等の処理工程において湿潤化されるとともに、これらの運搬・処理が密閉化された装置内で機械的に行われることから適切に運転されていれば問題はない。しかし、水や薬液の添加量が少ない場合には発じんの可能性が高くなることから、適切な調整・維持管理が必要である。

　解体作業においては焼却灰、飛灰の再発じんのみならず、構造物に付着した物からの発じんがあるため、湿潤化は特に重要である。さらに、構造物等が水に濡れることに対する制約が少ないため、湿潤化にとどまらず作業場所の散水、水洗等を積極的に行うことにより、発じん防止をより効果的に行うことができる。特に、高圧水洗浄により汚染物の除去を行うことは、最も有効な方法の一つといえる。このため解体作業においては、これらの排水を適切に処理できる排水処理能力を確保することが重要なポイントとなる。

2　運転作業におけるばく露防止対策

　廃棄物焼却施設の運転作業は日常業務として日々繰り返されるものが多いことから、主に施設の適切な維持管理と作業手順・作業方法の改善及び保護具の使用による作業管理の二つに着目してばく露防止措置を講ずることとなる。

　具体的には、運転中や停止中の施設、設備からのダイオキシン類の漏えい防止、清掃等によるダイオキシン類の発散抑制、ダイオキシン類の発散状況等に応じた作業の適正化、ばく露が少ない作業方法の採用やそのために必要な補助機器の装備、詰まり等トラブル発生時の適切な対応、保護具の適切な使用等が考えられる。

(1)　作業の手順

運転作業については、安全衛生管理体制を確立しダイオキシン類へのばく露防止推進計画を定め、具体的な対策を作業手順に沿って着実に実施することが求められる。

①　安全衛生管理体制の確立

まず、事業場にダイオキシン類対策委員会を設置し、ダイオキシン類へのばく露防止推進計画を策定する。運転業務を委託している場合は、関係請負人との協議組織を設け、具体的な推進方法等について協議することが必要である。

これらに係る職務を行わせるために、施設を管理する事業者は対策責任者を、業務を請負っている事業者は実施責任者をそれぞれ定めなければならない。

②　ばく露防止対策実施要領

推進計画において定めたばく露防止の基本的な事項については、さらにそれぞれの作業に係る具体的な作業手順とばく露防止措置等を定めた実施要領を策定する。

実施要領では、粉じんの発散防止措置、作業時の密閉化等養生・仮設措置、保護具の使用、付着粉じんの除去方法、仮設資材等の使用後の処置などについて、補修工事への対応を含めて作業の手順とともに定める。

特に、焼却炉、集じん機、煙突等の設備内部の清掃作業と灰処理関連設備の詰まり解除作業については、ばく露の危険性が高いことから十分な対策を講じることが必要である。このとき、これらの作業に伴い発生する灰等については、可能な限り既存の搬送設備を利用して搬出することとし、灰等を取り扱う作業を減らすようにする。

作業指揮者は、これに基づき作業を準備し指揮するとともに、作業手順について作業者に周知徹底することが必要である。

(2)　ばく露低減措置

運転中の廃棄物焼却施設においては、空気中のダイオキシン類の濃度の測定結果に基づく適切な保護具の使用と作業服等に付着した粉じんの除去などの、ばく露低減措置を確実に実施することが求められる。

①　空気中のダイオキシン類濃度測定の実施と評価

まず、空気中のダイオキシン類濃度測定に基づく作業環境の把握が必要である。ついては、作業環境中の粉じん濃度の測定方法として、デジタル粉じん計による測定が対策要綱で認められていることから、これにより随時の作業環境の確認が可能である。

このことを有効に活用して、年2回の定期測定と合わせて適宜の空気中のダイオキ

シン類濃度測定と評価に基づいた、適切なばく露低減措置を実施することが大切である。

② 保護具の使用

労働安全衛生規則第592条の5により、空気中のダイオキシン類濃度測定の結果に応じて、当該作業に従事する労働者に呼吸用保護具、保護衣、保護メガネ等適切な保護具を使用させなければならない。

運転中の廃棄物焼却施設においては、詰まり解除作業などの突発的な作業もあることから、施設的対応のみでばく露防止を図ることは困難である。そこで、作業環境に応じた適切な保護具を処置することが、ばく露低減措置の有効な手段となる。

対策要綱では、空気中のダイオキシン類濃度測定結果の評価により単位作業場所を第1から第3までの管理区域として区分し、管理区域に応じてレベル1からレベル4までの保護具を対策要綱の別紙4（図7（29頁））に基づいて選定することとしている。

また、灰の取扱い作業や灰処理関連設備の詰まり解除作業などで、ばく露の危険性が高い作業については、作業時間も考慮しつつ適切な保護具の使用が求められる。保護具使用の徹底を図るために、作業場所の入り口にステッカー等で保護具使用を労働者に周知することなども配慮する。

なお、作業指揮者は、作業に従事する労働者の保護具着用状況について、確認することが求められている。

③ 付着粉じんの除去

作業者が作業衣等に付着した粉じんを除去しないまま作業場を退出することは、量的には少ないとしても、作業者自身へのばく露とともに周囲の人へのばく露にもつながることとなる。

そこで、付着した粉じんを一般環境へ持ち出すことのないように、エアシャワー設備を設置するなどして除去することが重要である。また、作業靴の底に付着した粉じんを拭き取れるように、作業場の出入り口に湿潤化したマット等を適宜に配置することも必要である。

このとき、除じん設備の捕集粉じんを適切に処分することや、マットの湿潤状態を常に保持できるよう水を補給するなど、適切な維持管理を心掛けることも忘れてはならない。

④　作業場清掃の励行

作業場全般について定期的に清掃を実施するとともに、部分的な粉じんの堆積については拡散する前に随時清掃、除去することが必要である。清掃については、水洗い又は真空掃除機により行うことを基本とする。

空気中のダイオキシン類濃度測定においては、作業場所の粉じん濃度で第1管理区域となるか第2管理区域となるかが微妙なところもあることから、清掃の励行により作業環境を良好に保つように心掛けることも重要である。

⑶　作業環境の改善方法

空気中のダイオキシン類濃度測定の結果、第2管理区域又は第3管理区域となった作業場所においては、焼却灰等の粉じん及びガス状ダイオキシン類の発散防止対策を、以下に掲げる方法等で行うことが求められている。

運転中の廃棄物焼却施設におけるダイオキシン類の発散は、焼却炉、煙道等の設備からの漏えいが主たる原因と考えられることから、これらの漏えい防止とともにダイオキシン類濃度の低減が有効な対策となる。

①　燃焼工程、作業工程の改善

「ダイオキシン類発生防止等ガイドライン」（旧・厚生省）などを踏まえたごみの量的、質的な安定供給等の燃焼工程改善により、高温・安定燃焼を実現することで排ガス中のダイオキシン類濃度の低減化を図る。同時に、安定燃焼等により炉内圧の急激な変動を避けることは、炉内からの粉じんや排ガスの漏えい防止にも効果がある。

また、集じん機等の設備改造により、排ガス中のダイオキシン類濃度を低減することも重要である。これらのことが、結果的に作業環境の改善につながることとなる。

一方、灰処理方法、設備の点検方法、灰系統の設備の詰まり解除方法等の作業工程を改善することにより、ばく露される機会を減らすことも有効である。

②　発生源の密閉化

運転中の廃棄物焼却施設における作業環境への粉じん等の発散源としては、焼却炉、排ガス処理設備、飛灰処理設備などの点検口、エキスパンション部等からの漏えいが主なものとして考えられる。

したがって、作業環境の改善を行う上で、炉内圧がプラスになるのを避けるよう運転するとともに、パッキンの交換や点検蓋の改善等により発生源の密閉化を図ることは重要である。点検を通じて漏えい箇所を早期に発見し、措置する必要がある。

③　排気装置及び除じん装置の設置

　詰まり解除作業などの局所的な作業を実施する場合に、作業者へのばく露を防止するためには局所排気装置を使用することが有効である。

　このとき排気をそのまま作業環境へ排出することは、粉じんを発散して作業環境の汚染につながる。このため、炉内での作業に使用する場合で炉内全体の換気について吸引・集じんされているような場合を除き、除じん装置を備えて粉じんを除去することが必要である。

④　作業の自動化や遠隔操作方法の導入

　灰の取扱い作業等に自動化や遠隔操作方法を導入することは、労働者が直接灰等に接触する機会を減らすことになり、ばく露防止対策として非常に有効である。

　しかし、灰クレーンの自動化やシュートの詰まり解除装置の設置など、既存設備を改造することは難しい面もあることから、施設の建設段階から導入することが望ましいものである。

⑤　作業場の湿潤化

　廃棄物焼却施設における一般の作業環境においては、ダイオキシン類が粉じんに含まれていることから、発じんを防止することがばく露防止の有効な対策となる。

　このため、前述の発散源の湿潤化とともに、作業場全般について可能な限り湿潤化に配慮することが大切である。

　例えば、水洗が容易なように給水配管を作業場に必要に応じて敷設する、作業場の床はコンクリートの地肌のままでは清掃しにくいことから必要な範囲に防じん塗装を施す、などが挙げられる。

⑷　**洗身及び身体等の清潔の保持方法**

　運転・点検業務においては、特に施設整備業務やトラブル解除作業について、作業中の対策とともに作業後の措置についても配慮が求められる。

①　作業終了後の措置

　具体的には、施設整備作業等の終了時において、作業衣等に付着した粉じんを一般環境に持ち出すことを防止する必要がある。

　汚れた保護衣等は、作業場所において出来るだけ払い落とす。さらに、作業場からの退出に際してはエアシャワーを設置するととともに、湿潤化した足拭きを用意して除じんを行えるようにする。

② 　更衣スペース等の整備

保護衣等を着脱できるような更衣スペースを、一般の更衣室とは別に作業場に用意し、真空掃除機等で粉じんを除去できるようにする。併せて、更衣スペースには保護具の管理、保管もできるようにする。

使い捨ての保護衣等については、ポリ袋等に収納して焼却炉などで適正に処理するとともに、汚れた作業服等については速やかに洗浄ができるようにする。また、作業従事者が、手洗い、洗眼、洗身を容易に行えるよう配慮することも必要である。

これらの施設を労働者の作業動線を考慮して作業場内に適切に配置するとともに、一般環境への通行についてはこれらの措置を講じた上で行うよう徹底する必要がある。

(5)　事故時等の措置

事故や設備の故障等で臨時の作業を行う場合、作業内容によっては日常業務に比べてばく露される可能性が大きいことから、作業時間を考慮しつつ安全面での十分な配慮が必要となる。

① 　詰まり解除作業

灰シュート、飛灰サイロ等の詰まり解除作業については、作業の過程で外部に粉じんを発散させる可能性があることから、発散防止措置を検討するとともに、状況に応じて作業者にはエアラインマスク等を使用させる必要がある。

② 　設備内作業

トラブルによる設備内部の点検、補修等で発じんの著しい場所については、エアラインマスクなどレベル３以上の保護具を措置するとともに、作業の監視など安全対策を十分に行う。

③ 　作業時の事故等への対応

①、②の作業中に、大量の粉じんの作業環境への噴出や、エアラインマスクの空気供給停止などの事故が発生した場合には、直ちに作業者を安全な場所に退出させなければならない。

このとき、焼却施設におけるダイオキシン類濃度は一般に急性毒性を起こすレベルではないことから、慌ててケガをするなどの二次的災害を起こすことのないよう冷静に行動する必要がある。

万が一、事故等により労働者がダイオキシン類に著しく汚染され、又はこれを多量

に吸入したおそれのある場合は、医師による診断を受けさせることが必要である。

3 保守点検作業におけるばく露防止対策

　保守点検作業におけるばく露防止対策については、基本的な考え方は2の運転作業におけるばく露防止対策と同様である。しかし、焼却炉を停止しての設備内作業が主となることから、作業環境としてはより厳しい状況での対応が求められることとなる。

　具体的な対応としては、設備を開放しての内部作業が中心となることから、作業場所の密閉化と内部負圧化、作業環境に応じた適切な保護具の使用、清掃等による作業環境の維持などが、ばく露防止対策の主な内容となる。

　また、定期的点検補修作業については業者の請負作業が中心となることから、契約上の取扱いについても配慮することが必要となる。具体的には、対策を講じることに係る適正な工期の設定、対策に必要な費用の積算などが考えられる。

(1) 作業手順

　廃棄物焼却施設の定期点検・補修工事においては、ダイオキシン類のばく露防止対策について工事全般にわたる作業手順をあらかじめ定め、これに従って準備し実施することが必要である。

① 協議組織

　廃棄物焼却施設の定期点検・補修工事においては、一般に複数の業者による作業が錯綜（さくそう）することから、すべての関係事業者が参加する協議組織を設置し、そこで、推進計画に基づく具体的なばく露防止推進方法等を協議することとなる。特に、空気中のダイオキシン類の濃度の測定結果や、同一の場所で行われる作業におけるダイオキシン類の発散や保護具の使用状況の確認等について、事業者間で十分な情報交換が行われる必要がある。

② 工事施工計画書

　これらの具体的対策・対応については、あらかじめ工事全般の計画とともに検討し、工事施工計画書に取りまとめる。工事施工計画書においては、作業前の点検、作業中の措置、作業後の清掃等の全般にわたるダイオキシン類のばく露防止に関する実施計画をまとめるとともに、個別作業について具体的に仮設養生計画、作業手順、環境対策などを盛り込む。

　特に、焼却炉、集じん機、煙突等の設備内部の清掃作業については、ばく露の危険

性が高いことから十分な対策を講じることが必要である。このとき、これらの作業に
伴い発生する灰等については、可能な限り既存の搬送設備を利用して搬出することと
し、灰等を直接取り扱う作業を極力減らすようにする。

(2)　ばく露低減措置

廃棄物焼却施設の保守点検作業においては、作業環境に応じた適切な保護具の使用
と粉じんの発散防止により、ばく露低減措置の確実な実施が求められる。

①　空気中のダイオキシン類の濃度の測定

保守点検作業を行う事業者は、空気中のダイオキシン類の濃度を測定しなければな
らない。しかし、保守点検作業を請け負った事業者が測定を行い、その分析結果を得
た上で作業を行うためには長い期間焼却炉を停止しなければならない。このため、一
般的には、焼却施設を管理する事業者は、保守点検作業を他の事業者に請け負わせる
に当たり、当該事業者が測定を行うために必要な期間を与える代わりに、自ら過去1
年以内に行った測定結果を提供することが多い。保守点検作業を行う事業者は、当該
作業がこれまでの作業と同様であり、これまでの測定結果が利用できるのであれば、
これを用いて保護具の選定を行うことができるが、施設管理者は、次回のために保守
点検作業中に空気中のダイオキシン類の濃度の測定を行うこととなる。

保守点検作業における測定の実際については、前述の測定の項を参照のこと。

②　保護具の使用

当該作業に従事する労働者に、対策要綱の別紙4（図7（29頁））により適切な呼
吸用保護具、保護衣、保護メガネ等の保護具を使用させなければならない。特に、焼
却炉等の内部で行われる灰出し、清掃及び保守点検作業については、少なくともレベ
ル2の保護具を使用する必要があることに留意すること。

なお、連続式の焼却炉では、年に1、2回の定期補修に先立ち、焼却炉を停止した
後に炉等内における灰出し、清掃等の作業が行われるが、これはバッチ式の焼却炉で
通常の運転の一環として行われる作業と同様に燃え殻を取り扱う作業であり、労働安
全衛生規則第36条第34号に規定する燃え殻を取り扱う作業に含まれる。

このため、労働安全衛生規則第592条の4に基づく湿潤化が必要であることに留意
する必要がある。

なお、作業指揮者は、作業に従事する労働者の保護具の使用状況について確認を行
うほか、協議組織においてなされた、他の事業者の労働者が行う作業におけるダイオ
キシン類の発散状況、保護具の使用状況等を踏まえ、適切な作業の指揮を行うこと。

③　粉じん発散防止措置

清掃及び補修時には、焼却炉設備のマンホール等の開放箇所は必要最小限とし、ビニールシート等で開口部からの発散防止を図る。

さらに、炉前扉などの主要な出入り口には、外部との遮蔽を目的としてビニールハウス等の仮設前室を設置する。これらの密閉した炉等の設備については、内部を負圧に保つために仮設の排気設備と集じん機を設置することが、外部への漏えいを防止するとともに内部環境の改善にも効果的である。

併せて、このビニールハウスにおいて保護衣の着脱を行うとともに、出口に湿潤化したマットを置き靴の底に付着した粉じんを除去することにより、外部への粉じんの持ち出しを極力少なくすることができる。使用後の使い捨て保護衣等についてはビニール袋に収納し、焼却処分するなど適切に処分することが必要である。

④　付着粉じんの除去

作業衣等に付着した粉じんは、一般環境へ持ち出すことのないように配慮することが必要である。

まず、灰の付着した保護衣等は、エアガンを用意するなどして炉内で灰を払う。保護衣の脱衣に際しては、真空掃除機で除じんできるようにする。

発じんが著しい焼却炉等の作業場所には、出入り口の仮設前室とともにエアシャワーを設置して、作業従事者の付着粉じん除去を徹底することも有効である。

さらに、作業場の出入り口にエアシャワー設備を設置し、作業場から退出する際の粉じんの除去を行う。また、作業靴の底に付着した粉じんを拭き取れるように、ここでも作業場の出入り口に湿潤化したマット等を適宜配置する。

このとき、除じん設備で捕集した粉じんを適切に処分し、マットの湿潤状態を常に保持できるよう水補給を工夫するなど、適切な維持管理を心掛ける。

なお、当該作業で使用した機材・工具などについても、付着した粉じんを除去してから場外へ搬出する。

⑤　作業場所清掃の励行

作業終了時等は、作業場所の整理整頓を行うとともに、真空掃除機や水洗いによる床面清掃を励行する。

(3)　**作業環境の改善方法**

廃棄物焼却施設における保守点検作業については、焼却炉、集じん機、煙道等の設

備内部の作業に伴う粉じんの漏えいが主たる原因と考えられる。

　したがって、これらの漏えい防止を図ることが、ばく露防止対策として有効な対策となる。

①　燃焼工程、作業工程の改善

　一般に焼却炉の停止工程においては、温度が低下するとともにごみの燃焼が不安定となる。そこで、高温・安定燃焼を行うことでダイオキシン類の低減化を図る意味で、停止工程においてもバーナーを使用し、炉内等残留堆積物のダイオキシン類濃度の低減化に努める。

　また、清掃や工事の方法について、可能な範囲で遠隔操作方法の導入等により作業環境の改善を図るよう努める。

②　発生源の密閉化

　補修工事における一般作業環境への粉じんの発散源としては、焼却炉、排ガス処理設備、飛灰処理設備などのマンホール等開口部開放に伴うものが主なものとして挙げられる。

　まず、開口部の開放に当たっては清掃が容易なように、グレーチング等の床面はビニールシートによる養生を行う。設備の外側にこぼれ落ちた灰については、真空掃除機等により速やかに清掃する。

　開放する開口部は必要最小限とし、ビニールシート等で開口部をカーテン養生する。炉前扉以外の比較的小さい開口部は、厚手のスポンジをはめ込んで養生することもできる。

　炉前扉など主要な出入り口として利用する場所は、ビニールハウスなどの仮設前室を設置して外部と遮断するようにする。その他、設備を開放して設備周りでの作業を行う場合は、ビニールシートで全面養生し外部への粉じんの漏えいを防止する必要がある。特に、ろ過式集じん機のバグフィルターの交換に際しては、作業スペースを含めてビニールシートで養生し、外部への漏えい防止を十分に行う。

　いずれの場合も、必要に応じて排気及び除じん装置を設置する。

③　排気装置及び除じん装置の設置

　補修工事に際しては、前述のとおり粉じんの発生源を密閉化するとともに、排気装置及び除じん装置を設置して内部の負圧化による粉じんの漏えい防止と内部環境の改善を図ることが必要である。

　一般に、炉停止時に利用する集じん設備が施設に設置されている場合は、それを利

用する。設置されていない場合は、移動式の排気装置を利用することとなる。このとき排気装置には、HEPAフィルターとチャコールフィルター等により、排気を適正に処理できる集じん機を設置する。

④ 作業の自動化や遠隔操作化の導入

補修工事に際しても、作業等の自動化や遠隔操作化を導入することは、労働者が直接灰等への接触の機会を減らすこととなり非常に有効な手段である。

特に、炉内、煙突等の清掃については清掃時の発じんが著しいことから、これらの作業の自動化・遠隔操作化は、作業場の湿潤化とともに積極的に導入することが求められる。

現在、煙突清掃と炉内壁面清掃について、ロボットを導入した遠隔操作化が実用化しつつあり、今後、広く利用されていくことが期待される。

⑤ 作業場の湿潤化

補修工事においては、各種の作業が錯綜し多数の労働者が施設内で作業することとなる。廃棄物焼却施設の作業環境においては、ダイオキシン類が粉じんに含まれていることから、発じんを防止することがばく露防止の有効な対策となる。

このため、補修工事に際しても前述の発散源の湿潤化を図るとともに、作業場所の水洗い清掃の実施や湿潤化した足拭きマットの設置などを心掛け、作業場全般について可能な限り湿潤化するよう配慮することが大切である。

(4) 洗身及び身体等の清潔の保持方法

補修工事においては、通常の作業環境よりも厳しい環境となることから、労働者のダイオキシン類ばく露防止について、作業中の対策とともに作業後の措置についても十分配慮しなければならない。

具体的には、休憩時又は作業終了時において、作業衣等に付着した粉じんを休憩場所、更衣室等の一般環境に持ち出すことを防止する必要がある。

① 作業場所での措置

まず、汚れた保護衣等は当該作業場所においてエアガン等により十分払い落とす。保護衣等は作業場所において着脱できるようにスペースを用意し、併せて保護衣等の清掃、保管もできるようにする。使い捨てのものについては袋等に収納して焼却炉などで適正に処理する。

② 作業場退出時の措置

作業場退出に際しては、エアシャワーを設置するとともに湿潤化した足拭きを用意し、更衣室や休憩室などへの粉じんの同伴を防止することが必要である。併せて、手洗い、洗眼、洗身を容易に行えるよう配慮するとともに、汚れた物については速やかに洗浄ができるようにする。

これらの施設を労働者の作業動線を考慮して適切に配置し、除じんと清潔の保持を徹底する。

⑸ **事故時の措置**

事故等によりエアラインマスクの空気の供給が停止した場合には、直ちに安全な場所へ退出することが必要である。このため、安全な呼吸の確保ができるよう、エアラインマスクは防じん又は防じん防毒併用型とすることが望ましい。

このほか、事故等により汚染の可能性がある場合には、労働者の安全を最優先にして、当該作業場所から速やかに退出することを心掛ける。このとき、廃棄物焼却施設におけるダイオキシン類濃度は、一般に急性毒性を起こすレベルではないことから、慌てて避難してケガをするなどの二次的災害を起こすことのないように冷静に行動するよう留意する必要がある。

万が一、事故等により労働者がダイオキシン類に著しく汚染され、又はこれを多量に吸入したおそれのある場合は、速やかに医師による診断を受けさせることが求められている。

4　解体作業におけるばく露防止対策

解体作業におけるばく露防止対策について、図10に示す「施設解体の流れ」のうち、作業者がダイオキシン類にばく露するおそれのある付着物除去作業、解体作業及びそれら作業の準備としての区画養生などを中心に、それぞれのポイントと事例を示す。

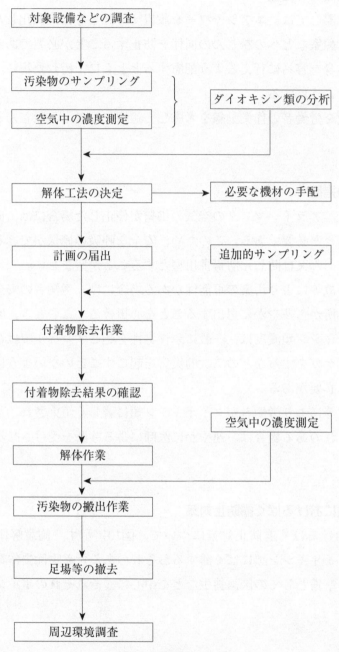

図10　施設解体の流れ

⑴　付着物除去作業におけるポイントと実例

　付着物除去作業の手順を以下に示す。なお、いずれも対象物の構造及び材質等により制限があるので適切に組み合わせて除去作業を行うこと。

除　去　作　業	作　業　手　順
液状付着物の吸着除去	液状付着物は密閉容器に回収するほか、吸収材等により回収する。 ・ダイオキシン類で汚染された水、油等には吸収材をあてがい吸収させる ・一定時間後スコップ等で吸収材を取り除く ・液状付着物が付着していた表面材料は別の方法により除去する
浮遊汚染物の除去	・水噴霧による焼却灰、ばいじん等の湿潤化 ・スコップ、ほうき、吸引式の掃除機等による除去、清掃 ・袋詰め後、汚染程度に応じた処理
高圧洗浄機による付着物除去	高圧ジェット水により、設備表面から付着物を除去する方法である。（図11参照） ・汚水受け、受水槽及びポンプに漏れがないか調べる ・高圧洗浄機、コンプレッサー、ポンプとをセットし、試運転する。作業者は必要な防護服等を着用する ・高圧で非常に危険なので、ノズルを固定する機材、装置を使用する ・手持ち式の高圧洗浄機を使用する作業者は、ジェットの反動を受けるので、高所作業及び足場上の作業の場合等は墜落制止用器具を着用する
乾式除去作業	電気設備等で湿潤化が著しく困難な場合は、洗浄個所を養生等により隔離した上でサンドブラスト等により乾式除去作業を行う。（図12参照） ・他の作業に粉じんが飛散しないように養生する ・ブラスト材（砂、金属片等）の吹き付けによる除去 ・使用済みブラスト材及び汚染物の回収、缶等への封入。回収物は汚染の程度に応じて処理する ・床面、壁面等の清掃
パイプ等の内部付着物除去	内部が汚染されているおそれのあるパイプ等で内径が小さいものについては清缶剤等による付着物除去が考えられる。 ・廃液処理の準備 ・パイプ等に清缶剤を充填し、一定時間後容器に抜き取る ・水洗い等による清缶剤の除去
付着物除去が著しく困難な部品等	・ワイヤブラシ等による部品周辺の付着物除去 ・手工具による取り外し又は切断の実施 ・該当部品の養生、移動、必要に応じ付着物除去 ・汚染の程度に応じた分類、処理

○汚染物が付着している設備機器から汚染物を除去する場合は、事前に汚染物を湿潤化することが基本である。ただし、冠水による設備機器などへの悪影響の懸念（養生隔離ができない場合など）や洗浄用ノズルが届かない狭あいな場所など、技術的に湿潤化不可能な場合には、サンドブラストなどの乾式除去が可能である。

○汚染物除去作業時に発生する洗浄排水の処理において、排水処理基準値である「10pg-TEQ／ℓ以下」に適合可能な設備の準備（既存設備の整備保守点検などを含む。）が必要である。

○汚染物の除去確認は、事前事後の材料表面の状況比較、材料表面をはつり後の内部材料表面と除去後の表面状況比較などにより、作業指揮者自身が立ち会って実施した上で、統括安全衛生責任者等に報告する。

○客観的記録として除去作業前後の比較写真などの整理が必要である。なお、除染後における写真は、材料表面（例えば鉄皮等）が露出している状況が確認できる画像とする。

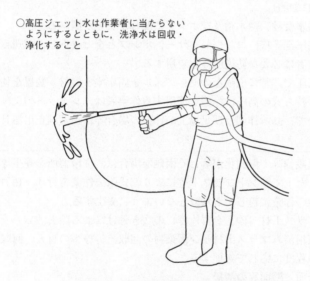

○高圧ジェット水は作業者に当たらないようにするとともに，洗浄水は回収・浄化すること

図11　高圧洗浄機による汚染物除去の例

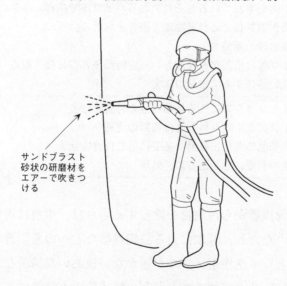

サンドブラスト
砂状の研磨材をエアーで吹きつける

図12　乾式除去作業の例

写真2　廃棄物焼却施設内のボイラー水管の高圧水での洗浄の前後の事例

写真3　焼却炉本体の洗浄後

写真4　焼却炉解体前に湿潤化を行っている事例

(2) 解体作業におけるポイント

　解体作業を行う場合には、解体作業管理区域及び保護具選定にかかる管理区域に基づき以下の解体方法を選定すること。

　また解体作業に当たっては、足場の設置、発散源の湿潤化、工具等の準備、廃棄物の一時保管場所等の確保、作業現場周辺設備（エアシャワー、更衣室等）等の必要な準備を行うとともに、十分に余裕を持ったスケジュールとする必要がある。

	解体方法	説　　　　明	適応管理区域		
a	手作業による解体	・ワイヤブラシ等によるボルト、ジョイント部分の清掃 ・ボルト部分等への潤滑油等の注入 ・手持ち電動工具によるボルト、ナット管理の取り外し ・解体部品の取り外し、廃棄物缶等への収納	解体作業第3管理区域	解体作業第2管理区域	解体作業第1管理区域
b	油圧式圧砕、せん断による工法	・油圧によって生じる力をせん断力として利用し部材を挟んで圧砕、せん断する工法 ・振動、騒音、発熱等は小さい ・レンガ、コンクリートの場合、粉じんの発生があるため散水等が必要			
c	機械的研削による工法	・ダイヤモンド砥粒を含んだ金属焼結体を溶着した切り刃により、部材を研削して切断する工法 ・使用する器材はカッター、ワイヤソー、コアドリル			
d	機械的衝撃による工法	・空気圧、油圧等によりのみ先を振動、打撃させ破壊する工法 ・騒音、振動が大きく、粉じんの発生もあり散水が必要 ・使用する機材はハンドブレーカ、削孔機、大型ブレーカ等			
e	膨張圧力、孔の拡大による工法	・コンクリート等に設けた孔内に、水和により膨張する物質を充塡し、あるいは膨張力を作用させる機械を挿入し、膨張圧により破砕する ・ひび割れ程度であり二次破砕が必要 ・使用する機材は静的破砕剤、油圧孔拡大機			
f	その他の工法	ウォータジェット、アブレッシブジェット、冷却して解体する工法等その他粉じんやガス体を飛散させないための新しい工法			
g	溶断による工法	対象となる設備が解体作業第1管理区域に分類された場合で、汚染物の完全な除去を行った金属部材について、十分な措置を講じた上で行うことができる			

特に溶断作業は、以下の条件下で実施する必要がある。

○　解体作業第1管理区域で、金属部材の付着汚染物が完全に除去された場合、以下の措置を講じる。

①　汚染物除去の完了確認

②　作業場所の養生と、内部空気の外部漏えい防止のための密閉化

③　作業場所内部空気の換気と負圧化及び排気の適切な処理（HEPAフィルター並びにチャコールフィルターなど）

④　保護具はレベル1及び防じん防毒併用マスク（レベル2）の着用

○　解体作業第2管理区域又は第3管理区域で、溶断以外の工法が取れず、やむを得ず溶断作業を行う場合、以下の措置を講じる。

①　汚染物除去の完了確認

②　作業場所の養生と、内部空気の外部漏えい防止のための密閉化

③　作業場所内部空気の換気と負圧化及び排気の適切な処理（HEPAフィルター並びにチャコールフィルターなど）

④　保護具はレベル3（エアラインマスク及び密閉形防護服）の着用

(3)　準備作業(養生)におけるポイント

○　解体作業において、管理区域ごとに適用される保護具レベルは段階的に異なっている。したがって、作業場所の区画養生は、他の低い管理区域でその管理区域に応じた低いレベルの保護具を装着している労働者へのダイオキシン類ばく露防止と、まず根本的に作業に伴うダイオキシン類汚染の拡散防止を目的としている。

○　基本的に、異なる管理区域ごとにその境界にビニールシート等を使用した仮設の壁によって区画し、養生する。

○　養生区画の範囲は、原則的には同一作業ごとの区域として、例えば焼却炉解体の炉室部分、電気集じん機解体の排ガス処理ヤード部分など、それぞれ単一のエリアとして実施する。

○　筒状構造物である煙突の解体事例では、全体を養生区画して解体する場合と、内部を負圧に維持できる風量・風速の吸引ブロワー（フィルターボックスを設置）によって解体飛散物の外部拡散を防止する方法もとられる。

(4)　事故時の措置のポイント

○　特に緊急時の連絡方法については、保護具の着用により口頭連絡が困難になるので、赤色回転灯等による退避指示などの合図を決めておくこと。

○　事故、保護具の破損等により労働者がダイオキシン類に著しく汚染され、又はこれを多量に吸引した可能性のある場合には、医師による診察もしくは処置を受けさせること。

(5)　周辺環境への対応のポイント

○　排気、排水については、関係法令に定める基準に従い処理を行った上で排出すること。

○　解体廃棄物、付着物除去等の作業による汚染物は、関係法令に従い処理すること。また処理されるまでの間は密閉容器に入れて隔離・保管すること。

写真5　養生の例

⑹　**残留灰を除去する作業のポイント**

　解体作業に併せて、残留灰を除去する作業を受託する事業者は、共通の対策（対策要綱の第3の1）及び周辺環境への対応（対策要綱の第3の3の⑾）に規定する措置が必要である。

①　空気中のダイオキシン類の測定等

　ア　空気中のダイオキシン類の測定

　　廃棄物焼却施設を管理する者からの情報等に基づき、残留灰が堆積している箇所について、対策要綱の別紙1の方法により空気中のダイオキシン類濃度の測定を行うこと。測定は、単位作業場所ごとに1箇所以上、作業開始前、作業中に少なくとも各1回以上行う。

　　ただし、残留灰が最後に堆積した後1年以上を経過している場合は、解体作業と同様に、作業前の測定を省略し、保護具の選定に当たっては、測定結果を2.5pg-TEQ/m^{3}未満とみなしてもよい。

　イ　残留灰のサンプリング調査

　　高濃度のダイオキシン類汚染が予想される場合は、原地盤面上位の堆積物を対象にサンプリング調査を行い、必要に応じて追加のばく露防止措置を講ずることが望ましいこと。

⑺　**残留灰除去作業における措置**

①　対策要綱の別紙4により保護具を選定し、別紙3により対応する保護具を使用すること。レベル1の場合に使用する呼吸用保護具は、顔面との隙間からの漏れを小さくする観点から、電動ファン付き呼吸用保護具とすること。

②　事前の空気中のダイオキシン類濃度の測定結果等に基づき管理区域を設定し、あらかじめ仮設の天井・壁等による分離、あるいはビニールシート等による作業場所の養生を行うこと。

③　残留灰を湿潤化した上で、原地面が確認できるまで堆積した残留灰を除去すること。

④　除去結果の確認のため、除去前後の写真撮影を入念に行い、その結果を取りまとめるとともに、廃棄物焼却施設を管理する事業者に提出すること。

5 移動解体作業におけるばく露防止対策

　移動解体は、①設置場所で設備本体を土台から取り外し、設備の配管や連結部を取り外した上で、②設置場所から処理施設へ運搬、③処理施設で解体作業を行うものである（図13参照）。

　移動解体では、2カ所以上の場所で解体作業が行われるため、汚染物を不必要に拡散させたり、多くの労働者がばく露することがないよう、移動解体を採用するための要件が定められている。後述する要件を満たさない場合は、現地解体によらなければならない。

　なお、運搬作業は、密閉された状態で行われるため、移動解体には含まれない。

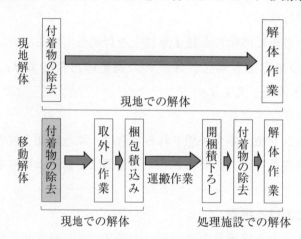

図13　焼却炉等の移動解体

注）移動解体における付着物の除去は、一定の要件の下に省略できる。

⑴　移動解体を採用する場合の要件

①　移動解体作業におけるポイント

ア　設備本体の解体を伴わずに運搬ができる設備であること。

　次のいずれかの作業のみにより運搬ができる状態になること。なお、つり上げ時に底板がはずれたり、老朽化により設備の構造が維持できないおそれがある場合には、移動解体を行わないこと。

　1）　設備本体の土台からの取外し

　設備の底板が土台の基礎コンクリートと一体のものなどの場合は、設備本体から土台を切り離すと構造が崩れるため、土台ごと設備本体をつり上げること。

　2）　煙突及び配管の設備本体からの取外し

　配管は、主として空気や水を供給するためのもので、燃焼ガスが通る煙道とは区別すること。

　3）　煙道で区切られた設備本体間の連結部の取外し

　　連結部は、煙道を介してボルト締めがされている等、連結部の取外しにより設備の構造が崩れないこと。複数の燃焼室を持つ焼却炉で、煙道を介さずに直接ボルト締めで連結されている場合は、当該部分の取外しは設備本体の解体に該当すること。

イ　取り外した設備は、密閉して運搬車に積み込むこととなるので、積込み作業を円滑に行えるよう、焼却炉等の設備の周辺に十分な場所があること。狭あいな敷地等、取外し作業を行った場所の近くに運搬車を停められないと、取り外した設備を運ぶ際に汚染物が飛散するおそれがある。

② **処理施設に関するポイント**

ア　処理施設は、一般廃棄物処理施設又は産業廃棄物処理施設として許可を受けたものであること。

イ　処理施設に運び込まれた設備が直ちに解体されない場合もあることから、処理施設には、密封して隔離・保管する設備が必要であること。

ウ　運搬車から積下ろし作業を円滑に行えるよう、適切な積下ろし場所を有すること。

エ　環境省が示す「ダイオキシン類基準不適合土壌の処理に関するガイドライン」に準じたものとすること。

(2) **移動解体における対策・ポイント**

　　原則として、設置場所で行う現地解体と同様の対策（対策要綱の第3の1及び3）を講ずる。

① **設置場所での取外し作業における対策・ポイント**

対策要綱別紙6の方法により、汚染物サンプリング調査の結果等から管理区域を設定するとともに、可能な限り溶断以外の方法により使用機材等を決定すること。取外しに係る部分については、事前に付着物除去を行った上で、作業場所の分離・養生を行う。

　　なお、溶断以外の方法を用いて取外し作業を行う場合であって、設備本体、煙突、配管及び煙道の関係部分を密閉し、その内部の空気を吸引・減圧した状態で外部から作業を行い、作業を行う間を通して常に負圧を保ち汚染物の外部への漏えいを防止する措置を講じた場合は、事前の付着物除去は不要である。

② **処理施設での解体作業における対策・ポイント**

対策要綱別紙6の方法により、汚染物サンプリング調査の結果等から管理区域を設

定して、使用機材等を決定すること。

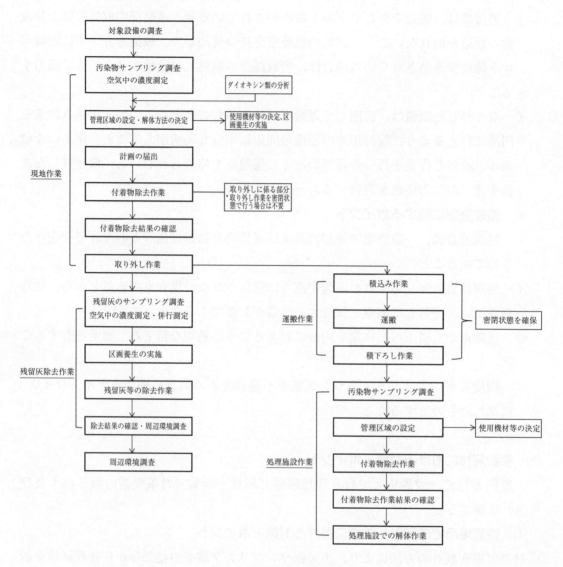

図14　移動解体作業の流れ

⑶　残留灰除去作業における対策・ポイント

　解体作業において、廃棄物焼却炉、集じん機等の設備の解体等に伴って発生する
燃え殻等を除去する作業は、「廃棄物焼却炉、集じん機等の設備の解体又は破壊の
作業に伴うばいじん及び焼却灰その他の燃え殻を取り扱う作業」（対策要綱の第2
の1の⑶のウ）に該当し、解体作業の一部として取り扱うこととなる。一方、設備
の外部の土壌にもともと堆積していた燃え殻（残留灰）については、「焼却炉、集
じん機等の外部で行う焼却灰の運搬、飛灰（ばいじん等）の固化等焼却灰、飛灰等

を取り扱う作業」（対策要綱の第2の1の(1)のウ）に該当するため、廃棄物の焼却施設の運転に残留灰除去作業として、67頁に示す方法により対応すること。解体作業の方法によらない。

　なお、除去作業を行わずに廃棄物の焼却施設内に残された残留灰については、廃棄物の焼却施設を管理する事業者が引き続き管理する必要がある。

(4)　運搬作業における対策・ポイント

　運搬作業は、移動解体において、廃棄物の焼却施設において取り外した設備を密閉してから、処理施設において積み下ろした設備を開梱するところまでが含まれる、密閉された状態で行われる作業であるため移動解体に含まれないが、荷の積込み及び積下ろし時の飛散防止等を考慮し、以下の措置が求められる。

　なお、積込み前に設備を密閉する作業、積下ろし後に設備を開梱する作業については、解体作業の一部であることに留意すること。

①　対象設備の情報提供

　取外し作業と処理施設で行う解体作業とは一連のものであるから、取外し作業を行った事業者と処理施設で解体作業を行う事業者が異なる場合には、取外し作業を行った事業者は、処理施設で解体作業を行う事業者に対し、空気中のダイオキシン類の測定及び解体作業の対象設備の汚染物のサンプリング調査の結果、取外し作業の概要等必要な情報を提供すること。また、運搬作業を他の事業者に請け負わせる場合には、請け負った事業者に対し、移送に当たり留意すべき事項に関する情報を提供すること。

②　荷の積込み及び積下ろし時の措置

ア　運搬車への積込みに当たり、設備がビニールシート等で覆われ密閉された状態であることを確認すること。

イ　運搬中を通じて安定的に密閉状態を維持できるよう荷台に積み込むこと。

ウ　処理施設での設備の積下ろしに当たっては、あらかじめ設備の覆い等に破損がないことを確認した上で、密閉状態のままで行うこと。破損がみられた場合は、補修する等により密閉状態とした上で積下ろしすること。

エ　荷の積込み及び積下ろしを行っている間、対策要綱の別紙3に掲げるレベル1相当以上の保護具を使用すること。

③　運搬時の措置

ア　設備等が変形し、又は破損しないような方法で運搬する。横倒しにすると汚染物が漏えいするおそれがあるので、運搬時の向きにも留意する。

イ　処理施設への運搬においては、廃棄物の処理及び清掃に関する法律に基づき、

廃棄物の種類に応じて、許可を受けた廃棄物収集運搬業者等が、廃棄物の収集又は運搬の基準に従い行う。

第8章　作業開始時の設備点検

　ばく露防止対策においては、保護具、換気装置等のばく露低減設備機器が正常に作動することが前提であり、作業開始前や作業中に作動状況を確認する。

　また、作業終了時には、保護具等の汚染状況をチェックし、洗浄、廃棄処分を確実に行う。

○　保護具については、次章の保護具の使用方法を参照し確実な点検をする。またエアラインマスクについては、空気供給系のコンプレッサーや、ゴムホースが正常であることを確認する。

○　局所排気装置等は、スモークテスター等を用いて吸引状況を確認する。暗い所であれば、吸引される粉じんはライトを当ててその動きを観察することができる。また、ダクトに破損や粉じんの堆積がないか集じん機に粉じんが多量にたまっていないかを確認する。

○　エアシャワーについては、エアジェットの気流の強さ、フィルターの目詰まり、集じん機や床下に粉じんが多量にたまっていないかを確認する。

○　解体作業場所内部の負圧化がされていることを出入り口からの気流の漏れ出しの有無により確認する。

第9章 保護具の使用方法

　廃棄物焼却施設における焼却炉等の運転、点検等作業及び解体作業に従事する労働者のダイオキシン類によるばく露を防止するためには、まず第一に、ダイオキシン類を含む付着物の除去、発散源の湿潤化等を行い空気中へのダイオキシン類の飛散を防止する必要がある。次にダイオキシン類等による健康影響を防止するために、空気中のダイオキシン類濃度に対応した呼吸用保護具をはじめ各種保護具の使用によるばく露防止が必要である。

　保護具の選定については、対策要綱別紙3（第11章123頁参照）に示す保護具について(1)運転、点検等作業と(2)解体作業のそれぞれにおいて、空気中のダイオキシン類濃度の測定結果によって、保護具の選択方法が決められている。また、解体作業における移動解体における取外し作業については、別紙6の管理区域に対応する保護具を使用する必要がある。

　詳細は対策要綱別紙4、5及び6（第11章125〜129頁）参照。

　(1)の運転、点検等作業については、屋内作業場と屋外作業場における空気中のダイオキシン類濃度測定結果から、管理区域に応じた「焼却灰等の粉じんとガス状ダイオキシン類の防止対策（対策要綱第3の2の(2)のエ）」が求められ、保護具については、「炉等内」か「炉等外」作業かにより、さらに炉等外の場合は「ガス状のダイオキシン類の濃度」によって保護具が選択される。

　(2)の解体作業については、「解体作業が行われる場所の空気中のダイオキシン類濃度測定結果（対策要綱第3の3の(4)のア）」から得られた管理区域と「設備に付着する汚染物のサンプリング調査等（対策要綱第3の3の(4)のイ）」の結果から「汚染物除去・解体作業中、デジタル粉じん計等により連続した粉じん濃度測定等を行わない計画の場合」と「汚染物除去・解体作業中、デジタル粉じん計等により連続した粉じん濃度測定等を行う計画の場合」のそれぞれの場合に対応して保護具が選定される。

　対策要綱別紙3（第11章123頁参照）では、レベル1からレベル4まで、作業環境の汚染の程度に応じて、使い分けすることが示されている。

この章では呼吸用保護具を中心に、前述の事を含めて保護具の種類、性能、保守点検、保管等について説明する。

1　保護具の種類と性能

呼吸用保護具は、その種類によって使用できる環境条件や対象物質、使用可能時間等が異なるので、用途に適したものを選択しなければならない。

呼吸用保護具は、図15のとおり大きく分けて「ろ過式」と「給気式」に分類される。

「ろ過式」は、名前が示すとおり、作業環境の大気中にある有害物質をろ過材によりろ過捕集し、着用者に無害な空気を吸入させる形式の呼吸用保護具である。

ろ過式の呼吸用保護具には、空気や酸素を供給する機構はないので、作業環境の大気中の酸素が不足していると、着用者は、非常に危険な状態に陥いるし、大気中の有毒ガスの濃度が高いと、ろ過材の限界を超えてろ過しきれないこともある。

したがって、ろ過式の呼吸用保護具は、作業環境中の酸素濃度が、18％未満の場合、及び有毒ガス等の濃度が高く、そのマスクの能力の限界を超えている場合には、使用してはならない。

「給気式」は、作業環境外の有害物質に汚染されていない空気をホース等で着用者に供給する形式の呼吸用保護具であり、送気マスクと自給式呼吸器とがある。

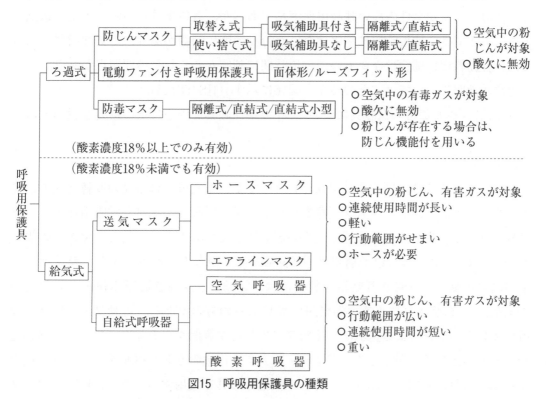

図15　呼吸用保護具の種類

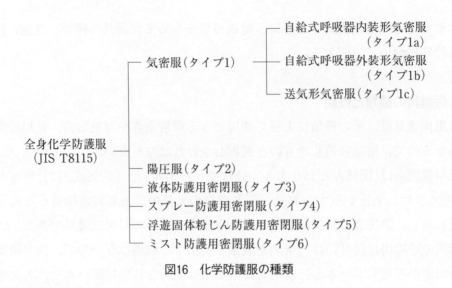

図16　化学防護服の種類

　呼吸用保護具の面体とこれを使用する労働者の顔面との間にすき間があると、ばく露防止効果が低下してしまう、使用する呼吸用保護具の面体が顔面に合った大きさや形であるかどうか、呼吸用保護具を正しく装着することができるかを確認するために、1年に1回はフィットテスト（JIS T 8150）を実施する。

　送気マスクと空気呼吸器は、酸素欠乏危険場所や有害物質の濃度が比較的高い場所でも使用できる安全性の高い呼吸用保護具であるが、機体重量がある。また、送気マスクにあっては、使用時間に制限はないが行動範囲に制約があり、空気呼吸器にあっては、行動範囲に制約はないものの使用時間に制限があるなどの問題点がある。

　化学防護服については、その種類を図16に示す（JIS T8115）。

　以下、各レベルごとの保護具について、呼吸用保護具を中心にその概要を説明する。

［レベル1］

　レベル1の作業における呼吸用保護具としては、型式検定合格品の取替え式で、粒子捕集効率の高い防じんマスク（写真6、7）又は電動ファン付き呼吸用保護具（写真8、9）を使用する。粒子捕集効率の高い防じんマスクとは、防じんマスクの規格のRS3又はRL3クラス（粒子捕集効率99.9％以上）のものである。また、粒子捕集効率の高い電動ファン付き呼吸用保護具とは、電動ファン付き呼吸用保護具の規格のPS3又はPL3クラス（粒子捕集効率99.97％以上）のものである。電動ファン付き呼吸用保護具のファンによる送風は、接顔部に生じたすき間から面体内へ粉じんが漏れ込むことを抑えることができる。残留灰を除去する作業のうちレベル1の保護具を使用する場合においては、電動ファン付き呼吸用保護具を使用する。なお、防じんマスク

写真6　取替え式防じんマスク
　　　　（半面形）

写真7　取替え式防じんマスク
　　　　（全面形）

写真8　電動ファン付き呼吸用
　　　　保護具（半面形）

写真9　電動ファン付き呼吸用保
　　　　護具（全面形）

及び電動ファン付き呼吸用保護具は、粉じん（粒子状物質）をろ過材でろ過して捕集するもので、ガス状のダイオキシン類には効果がないので注意する。

　また、作業着は、粉じんの付着しにくいものを着用し、保護衣、安全（保護）靴、保護帽、墜落制止用器具、溶接用保護メガネ等を作業内容に応じて適宜使用すること。

［レベル2］

　レベル2の作業における呼吸用保護具としては、粒子捕集効率の高い防じん機能を有する防毒マスク（粒子状物質及び有害ガスの両方に有効な呼吸用保護具。粒子捕集効率99.9％以上の防じん機能を有する有機ガス用吸収缶（防毒マスクの規格のS3又はL3クラス）を装着）（写真10、11）又はそれと同等以上の性能を有する呼吸用保護具を使用する。

　防じん機能を有する呼吸用保護具（有機ガス用吸収缶装着）を使用する理由としては、焼却炉等の溶断作業に伴って発生する熱によってヒューム状（ガス状）になったダイオキシン類を、吸収缶の中身の活性炭に、吸着する能力があることによる。防毒

写真10　防じん機能を有する防毒マスク
（半面形）

写真11　防じん機能を有する防毒マスク
（全面形）

マスクに使用する吸収缶の除毒能力には、限界がある。有害ガス（ガス状物質を含む）及び空気中の水分の吸収に伴い、吸収剤の吸収・吸着能力が低下するので、吸収缶を適宜交換する必要がある。マスクの面体は、半面形と全面形があり、どちらも使用可能であるが、作業者の顔面を保護する意味からも、全面形のマスクの方がより安全性が高い。

　作業着として長袖の下着又は作業着、長ズボン、ソックス、手袋等（これらの作業着は綿製が望ましい）、保護衣として浮遊固体粉じん防護用密閉服（JIS T8115 タイプ5）で耐水圧1000 mm以上のもの、又は直接水に濡れる作業についてはスプレー防護用密閉服（JIS T 8115 タイプ4）（写真12）、化学防護手袋（JIS T 8116）（写真13）を着用する。また、安全靴又は化学防護長靴（JIS T 8117）（写真14）、保護帽、墜落制止用器具、耐熱服、溶接用保護メガネ等を作業内容に応じて適宜使用する。

　レベル2で使用する保護衣（密閉形化学防護服）は、作業者の全身を防護するもので、汚染された空気が侵入しにくい構造のものである。

［レベル3］

　レベル3の作業における呼吸用保護具としては、プレッシャデマンド形エアラインマスク（JIS T 8153）又はプレッシャデマンド形空気呼吸器（JIS T 8155）を使用する。両方ともに面体は、全面形面体を使用する。

　作業着として、長袖の下着又は作業着、長ズボン、ソックス、手袋等（これらの作業着は綿製が望ましい）、保護衣として浮遊固体粉じん防護用密閉服（JIS T 8115 タイプ5）で耐水圧1000 mm以上のもの、又は直接水に濡れる作業についてはスプレー防護用密閉服（JIS T 8115 タイプ4）、化学防護手袋（JIS T 8116）、化学防護長靴（JIS T 8117）を着用する。また、保護帽、墜落制止用器具、耐熱服、溶接用保護メガネ等を作業内容に応じて適宜使用する。

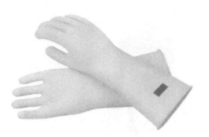

写真13　化学防護手袋

写真12　密閉形化学防護服

写真14　化学防護長靴

　解体作業の対象設備の汚染物のサンプリング調査では、レベル3の保護具の着用が求められている（廃棄物の焼却施設を管理する事業者が、解体作業開始6月以内に解体作業を行う作業場で空気中ダイオキシン類濃度の測定を行っており、その結果を用いる場合には、レベル2の保護具を着用して汚染物のサンプリング調査作業を行っても良いとされている）。

(1)　プレッシャデマンド形エアラインマスク

　プレッシャデマンド形エアラインマスクとは、送気マスクの一種で、着用者にエアラインホースを通して空気を供給する方式の呼吸用保護具である（写真15）。

　このマスクは、行動範囲に制約があるが、使用時間には制限がなく、面体内を常に陽圧に保ちながら、着用者が吸気したときだけ空気を供給するプレッシャデマンド弁を備えている。

　このマスクを使用した場合、面体内は常に陽圧なので、有害物質に汚染された空気が面体内に侵入する可能性が非常に低く、安全性が高い呼吸用保護具である。

　このマスクは、エアラインホースの各接続箇所間の移動時やエアシャワーを浴びる

写真15　プレッシャデマンド形エアラインマスクのシステム例

　時などエアラインホースを外す場合があり、ホースを外した状態であっても、防じん防毒併用呼吸用保護具としての機能を有する必要があるため、面体は、防じん機能付きの有機ガス用吸収缶を備え付けたものとなっている。

　また、エアラインマスクを使用した場合、送気用のホースを引きずりながら作業を行うことになるので、ホースを突起物に引っかけて転倒したり、ホースに足を取られて自分自身や他の作業員が転倒し、又は墜落することが懸念される。このような事故を防ぐために、余分なホースは、ホースリールを使用して巻き取るなど整理しておくとともに、ホースを引き伸ばす際には、慎重に行うなどの注意が必要である。

　なお、エアラインマスクに送気する空気は、ダイオキシン類等の有害物質に汚染されていない清浄な空気、一酸化炭素等の有害物・オイルミスト・粉じんを含まない清浄な空気を供給しなければならない（写真15参照）。

写真16　プレッシャデマンド形空気呼吸器

(2)　プレッシャデマンド形空気呼吸器

空気呼吸器とは、ボンベ内に清浄な空気が充填されている呼吸用保護具である。

この呼吸器は、ボンベ内に空気がある限り使用できる。時間的には制限を受けるが、行動範囲には制約を受けない（写真16）。

有効使用時間は、ボンベの容量と充填圧力及び作業強度等によって定まる。

空気呼吸器を使用して作業を行う場合には、適宜、圧力計を見てボンベ内の空気残量を確認しながら、十分な時間的余裕を持って（使用可能時間は、一般的には20分から30分）作業を行うこと。

プレッシャデマンド形空気呼吸器は、常に面体内を陽圧に保ちながら、装着者が吸気した時だけ空気を供給するプレッシャデマンド弁を備えている。

この空気呼吸器を使用した場合、面体内は常に陽圧なので、有害物質の汚染された空気が面体内に侵入する可能性が非常に低く、初めて装着した者にとっても、安全性が高い呼吸用保護具である。

したがって、空気中のダイオキシン類濃度が高い場合や、作業場内にガス状のダイオキシン類があることが分かっている場合等にも使用できる。

⑶ 高所作業における特例

対策要綱第3の1の⑹のイにおいて、レベル3の保護具を使用する高所作業場で、エアラインのホースが作業の妨げになる場合、エアラインのホースが当該場所まで延長が困難な場合は、当該作業場所の近傍に十分な能力を有するエアラインの接続箇所を設置し、接続箇所の移動においてプレッシャデマンド形エアラインマスクを外した場合のばく露防止対策として、防じん防毒併用呼吸用保護具の使用が認められている。ただし、エアラインの接続箇所が設置できない場合は、プレッシャデマンド形空気呼吸器の使用が求められている。

⑷ 臨時作業における特例

対策要綱第3の1の⑹のイにおいて、レベル3の保護具を使用する作業場で、足場の設置・解体作業等、臨時の作業を行う場合で、エアラインマスクを使用する事が困難な場合は、対策要綱に示されたばく露防止対策（作業前に床面を清掃する、作業を行っている間に連続して空気中の粉じん濃度を測定する、作業を行っている間、粉じん及びガス状のダイオキシン類を発散させるおそれのある作業を中断する）を実施した上で、防じん防毒併用呼吸用保護具の使用が認められている。ただし、作業前に測定したダイオキシン類濃度が第3管理区域となる場合はプレッシャデマンド形空気呼吸器の使用が求められている。

［レベル4］

レベル4の作業は、ダイオキシン類により高濃度に汚染された場所において行うこととなるので、送気形気密服、自給式呼吸器内装形気密服及び自給式呼吸器外装形気密服を使用する。

作業着として、長袖の下着又は作業着、長ズボン、ソックス、手袋など（これらの作業着は綿製が望ましい）、保護衣として、送気形気密服（JIS T 8115 タイプ1c）、自給式呼吸器内装形気密服（JIS T 8115 タイプ1a）又は自給式呼吸器外装形気密服（JIS T 8115 タイプ1b）、化学防護手袋（JIS T 8116）、化学防護長靴（JIS T 8117）を着用する。また、保護帽、墜落制止用器具、耐熱服、溶接用保護メガネ等、作業内容に応じて適宜使用する。

① 送気式気密服（送気形気密服（JIS T 8115））

この服は、外部から有害物質に汚染されていない空気がホースにより供給されるタイプの気密服であり、手足を含め全身を防護すると同時に服の内部を陽圧に保持するので、外部の有毒粉じん等が侵入することがない（写真17）。

写真17　送気形気密服

写真18　自給式呼吸器内装形気密服

　②　自給式呼吸用保護具内装形気密服（自給式呼吸器内装形気密服（JIS T 8115））

　この服は、作業者が自給式呼吸用保護具を装着の上、気密服を着用するタイプであり、空気呼吸器の呼気で、服の内部を陽圧に保持するので、外部の有毒粉じん等が侵入することがない（写真18）。

　③　自給式呼吸用保護具外装形気密服（自給式呼吸器外装形気密服（JIS T 8115））

　この服は、作業者が気密服を着用の上、自給式呼吸用保護具を気密服の外に装着するタイプである。

　なお、各レベルともに作業内容に応じて保護帽、墜落制止用器具、耐熱服、溶接用保護メガネ等を適宜使用する必要がある。さらには、作業性の向上につなげるために、騒音を防止する防音保護具（耳栓、イヤーマフ）や保護衣を着用した際の熱中症を防ぐための個人用冷却器の使用を考慮することも必要である（写真19、20、21）。

写真19　耳栓

写真20　イヤーマフ

写真21　個人用冷却器

それぞれの保護具は、レベルに応じて以下のようになる。

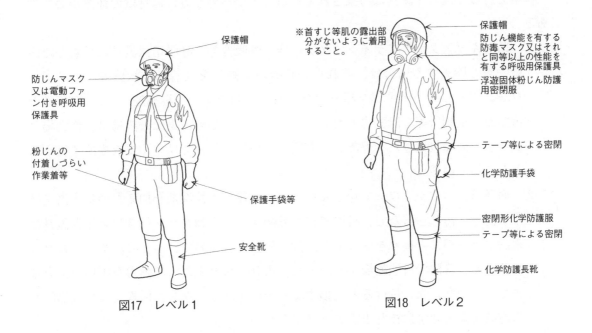

保護帽

防じんマスク又は電動ファン付き呼吸用保護具

粉じんの付着しづらい作業着等

保護手袋等

安全靴

図17　レベル1

※首すじ等肌の露出部分がないように着用すること。

保護帽

防じん機能を有する防毒マスク又はそれと同等以上の性能を有する呼吸用保護具

浮遊固体粉じん防護用密閉服

テープ等による密閉

化学防護手袋

密閉形化学防護服
テープ等による密閉

化学防護長靴

図18　レベル2

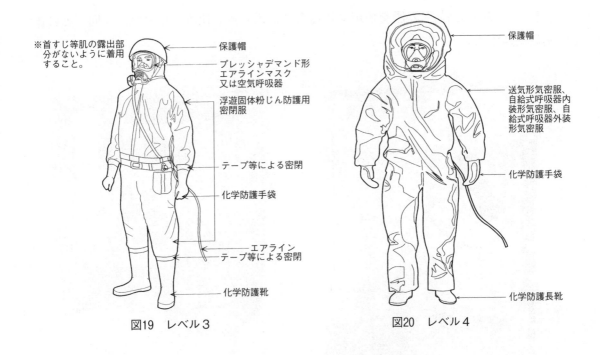

※首すじ等肌の露出部分がないように着用すること。

保護帽

プレッシャデマンド形エアラインマスク又は空気呼吸器

浮遊固体粉じん防護用密閉服

テープ等による密閉

化学防護手袋

エアライン
テープ等による密閉

化学防護靴

図19　レベル3

保護帽

送気形気密服、自給式呼吸器内装形気密服、自給式呼吸器外装形気密服

化学防護手袋

化学防護長靴

図20　レベル4

2　洗浄方法

作業を行った後の保護具は汚染されていることから外し方には特段の注意が必要である。

① 防じんマスク、エアラインマスク、空気呼吸器等の呼吸用保護具に付着した汚染物質を除去する場合は、それらの呼吸用保護具を装着した状態で、エアシャワーによってダイオキシン類を含む粉じんを除去する（写真22）。なお保護具の汚染及び焼却灰等を除去するためのエアシャワー等の汚染除去設備は、作業場と更衣室の間に設置され、保護具の着脱は汚染除去設備ではなく更衣場所で行うこととなっている。

② 面体は、エアシャワーで粉じんを除去した後、中性洗剤を加えたぬるま湯又は水で洗って汚れを落とし、日陰で自然乾燥する。電動ファン付き呼吸用保護具は電動ファン部に直接水をかけると故障の原因となるので、面体の汚れはふきとって落とし、日陰で自然乾燥する。また、汚れを落とすために強力な圧搾空気を電動ファンや弁に吹き付けると破損するおそれがある。なお、保護具は更衣場所から汚染を除去せずに持ち出すことはできない。

③ 保護衣類は、使用後にエアシャワーで粉じんを除去する。汚れがひどい場合は、中性洗剤を薄めて水洗いをすること。

使い捨ての簡易防じん服を使用する場合は、繰り返し使用しないで、一回ごとに確実に交換する。

写真22　エアシャワー

写真23　保護具保管庫

　また、使用した保護具一式は保管庫に入れて、次の作業に備えて常に清潔に保管する（写真23）。

3　使用方法及び保守点検の方法

　どんなに性能の良い保護具でも、その使用方法を誤ったり、使用後の保守点検を怠った場合には、その性能を発揮しない。また、保管状況によっても劣化等の原因になる。

　そのためには、正しい使用方法等を熟知する必要があり、作業者は呼吸用保護具の着脱訓練などにより正しい使用方法を熟知するとともに、作業開始前に保護具の着用状況を相互に確認する必要がある。

(1)　防じんマスク装着上の注意事項

①　面体は、あごの方からかぶる。

②　顔面と面体の接顔部が密着するように頭ひもを締める。

　　締め具合は、気密性に影響がない程度に緩めておく方が、長時間の使用には楽である。

③　手のひらで吸気口を塞ぎ息を吸うか又は、排気口を塞ぎ息を吐いて、密着性の試験（シールチェック）を行うこと。この場合、空気が漏れなければ密着性が確保されていると判断して差し支えない。

　　有害物質によるばく露の原因の1つとして、保護具の密着性が不適切な状況での使用があり、密着性の試験は確実に行う必要がある。

④　フィルタ付き吸収缶の交換の判断基準は、原則として1回の使用で破棄する。

(2)　防じんマスクの使用後の保守

　面体、ろ過材、吸気弁、排気弁、しめひも等について、破損、亀裂、著しい変形又は粘着性がないか否かを確認する。

(3)　電動ファン付き呼吸用保護具の取り扱いの注意

　電動ファン付き呼吸用保護具のファンによる送風は、接顔部に生じたすき間から面体内へ粉じんが漏れ込むことを抑えることができる。したがって、電動ファンが正常に稼働するかがポイントとなるので、ファンの稼働と送風状態、電池の残量などについて確認する必要がある。装着上の注意と使用後の保守管理は前記の防じんマスクと同様である。電動ファン付き呼吸用保護具には電子部品が内蔵され、バッテリの残量

やフィルター交換を示すインジケータ等がついている。電動ファン部に水をかけたり、圧搾空気を吹き付けたりすると、電子部品やファンが故障する原因となるので、取扱いには注意が必要である。

(4) プレッシャデマンド形エアラインマスク装着上の注意

① 面体は、あごの方からかぶる。

② 連結管（又は中圧ホース）がよじれないようにすること。よじれている場合には、送気されないことがある。

③ シールチェックに関して、連結管タイプのものは、連結管を手でしっかり握りしめた状態で、中圧ホースタイプのものは、空気の供給を止めた状態で、顔面と面体との密着性が良好なことを確認する。

④ エアラインホースがよじれないようにすること。よじれている場合には、送気されないことがある。

⑤ 正しく装着した後、指先等で面体と顔面との間にすき間を作り、その時にすき間から空気が勢いよく出るようであれば、面体内は良好な陽圧状態であることを示していることを確認する。

(5) プレッシャデマンド形エアラインマスク使用後の保守

① 各部分に異常や劣化がないか否かを1カ月に1回定期点検する。

② 各部の点検は、取扱説明書の点検チェックリストに従って行う。

(6) 空気呼吸器装着等の操作手順

① 空気呼吸器を背負う。

② ボンベのそく止弁を左に回して開く。

③ 面体を、あごの方からかぶる。その際、連結管（又は中圧ホース）が、よじれていないかチェックする。

④ シールチェックに関して、連結管タイプのものは、連結管を手でしっかりと握りしめた状態で、中圧ホースタイプのものは、空気供給を止めた状態で、顔面と面体との密着性が良好なことを確認する。

⑤ 正しく装着した後、指先等で面体と顔面との間にすき間を作り、その時にすき間から空気が勢いよく出るようであれば、面体内は良好な陽圧状態であることを示していることを確認する。

(7)　空気呼吸器装着等の使用上の注意事項

①　ボンベの圧力が3.0MPa（30kgf/cm^2）付近になると警報器が鳴る。警報器が鳴ったら、直ちに安全な場所に退避する。

②　呼吸が異常に苦しい場合は、空気呼吸器の異常が考えられるので、このような場合はバイパス弁を開き、空気を補給するとともに直ちに安全な場所に退避する。

(8)　空気呼吸器装着等の使用後の保守

①　使用後には、次回の使用に備えて空気ボンベの再充塡をする。

②　1カ月に1回定期点検を行うこと、点検は取扱説明書の点検チェックリストに従って行う。

③　空気ボンベは、製造後3年以内に容器の再検査を受けること。以降も同じく3年ごとに検査を受ける。

(9)　保護衣の装着上の注意事項

防護服、長靴、全面マスク、手袋の順で装着する。手袋は防護服のそでの内側に、長靴もズボンの内側に入れ、防護服と手袋、防護服と長靴の合わせ目から粉じん等が

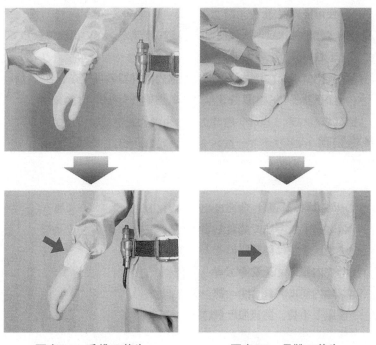

写真24　手袋の養生　　　　　写真25　長靴の養生

入らないようにするためには、テープで養生する（写真24、25）。

⑽　保護衣の使用後の保守
①　表面硬化、べとつき、亀裂はないか 。
②　異常があれば（切り裂き等）、廃棄する。

第10章　その他ダイオキシン類のばく露の防止並びに労働災害防止に関し必要な事項

1　清潔の保持

　労働安全衛生規則第625条において、事業者は、身体又は被服を汚染するおそれのある業務に労働者を従事させるときは、洗眼、洗身若しくはうがいの設備、更衣設備又は洗濯のための設備を設けなければならないこととされており、作業者は、これらの設備を使用して清潔の保持に努めることとされている。

　この場合、作業場と更衣場所の間に、保護具・保護衣の汚染及び焼却灰等を除去するためのエアシャワー等の汚染除去設備を設ける必要がある。

2　健康管理

　労働安全衛生法に基づき、一般健康診断を確実に実施するとともに、ダイオキシン類へのばく露による健康不安を訴える労働者等に対しては、産業医等の意見を踏まえ、必要があると認める場合に、就業上の措置等を適切に行う。

　また、事故、保護具の破損等により当該労働者がダイオキシン類に著しく汚染され、又はこれを多量に吸入したおそれのある場合は、速やかに当該労働者に医師による診察又は処置を受けさせる必要がある。

　なお、この場合には、必要に応じて、当該労働者の血中ダイオキシン類の濃度測定を行い、その結果を記録して30年間保存しておく。

3　休憩場所の確保等

　廃棄物焼却施設における運転、点検等作業及び解体作業に従事する労働者の作業衣に付着した焼却灰等により、休憩室が汚染されない措置を講ずる。

　この場合、休憩室は、廃棄物焼却施設における運転、点検等作業及び解体作業を行う作業場以外の場所に設ける必要がある。

4　喫煙等の禁止

　廃棄物焼却施設における運転、点検等作業及び解体作業に従事する労働者は、ダイオキシン類の経口からの体内吸入を防止するために、当該作業が行われる作業場にお

いて「喫煙」又は「飲食」をしない。

5　就業上の配慮

女性労働者については、母性保護の観点から、廃棄物焼却施設における運転、点検等作業及び解体作業における就業上の配慮を行う。

6　熱中症の防止

高温な環境の下で、運転、点検等作業及び解体作業を行う場合には、熱中症が発生するおそれがあるので、適切な休憩時間の確保、水分・塩分等の補給、氷、冷たいおしぼりの備え付けなどの予防対策を講じる。

7　墜落災害の防止

高さが２ｍ以上の箇所で点検等作業及び解体作業を行う場合において墜落により労働者に危険を及ぼすおそれのあるときは、足場を設ける等の方法により作業床を設け、その作業床を利用させなければならない。作業床の設置が困難なときは、墜落制止用器具を使用する。

8　感電災害の防止

ドームの内部等導電体に囲まれた場所で著しく狭あいなところ又は墜落により労働者に危険を及ぼすおそれのある高さ２ｍ以上の場所で鉄骨等導電性の高い接地物に労働者が接触するおそれのあるところにおいて、交流アーク溶接等の作業（解体作業等）を行うときは、交流アーク溶接機用自動電撃防止装置を使用する。

9　請負人に対する保護措置

作業を請け負わせる請負人に対して次の措置を実施することが事業者に義務付けられている。

①　解体等の業務の作業に係る設備の内部に付着したダイオキシン類を含む物を除去した後に作業を行わなければならない旨を周知させなければならないこと（労働安全衛生規則（安衛則）第592条の３第２項）

②　ダイオキシン類を含む物の発散源を湿潤な状態のものとする必要がある旨を周知させなければならないこと（安衛則第592条の４第２項）

③　適切な保護具を使用する必要がある旨を周知させなければならないこと（安衛則第592条の５第３項）

第11章　関係法令等

1　労働安全衛生法（抄）（昭和 47 年 6 月 8 日　法律第 57 号）

（目的）

第1条　この法律は、労働基準法（昭和22年法律第49号）と相まつて、労働災害の防止のための危害防止基準の確立、責任体制の明確化及び自主的活動の促進の措置を講ずる等その防止に関する総合的計画的な対策を推進することにより職場における労働者の安全と健康を確保するとともに、快適な職場環境の形成を促進することを目的とする。

（事業者等の責務）

第3条　事業者は、単にこの法律で定める労働災害の防止のための最低基準を守るだけでなく、快適な職場環境の実現と労働条件の改善を通じて職場における労働者の安全と健康を確保するようにしなければならない。また、事業者は、国が実施する労働災害の防止に関する施策に協力するようにしなければならない。

②　機械、器具その他の設備を設計し、製造し、若しくは輸入する者、原材料を製造し、若しくは輸入する者又は建設物を建設し、若しくは設計する者は、これらの物の設計、製造、輸入又は建設に際して、これらの物が使用されることによる労働災害の発生の防止に資するように努めなければならない。

③　建設工事の注文者等仕事を他人に請け負わせる者は、施工方法、工期等について、安全で衛生的な作業の遂行をそこなうおそれのある条件を附さないように配慮しなければならない。

（事業者の講ずべき措置等）

第22条　事業者は、次の健康障害を防止するため必要な措置を講じなければならない。

　　1　原材料、ガス、蒸気、粉じん、酸素欠乏空気、病原体等による健康障害

　　2　放射線、高温、低温、超音波、騒音、振動、異常気圧等による健康障害

3　計器監視、精密工作等の作業による健康障害

4　排気、排液又は残さい物による健康障害

第26条　労働者は、事業者が第20条から第25条まで及び前条第1項の規定に基づき講ずる措置に応じて、必要な事項を守らなければならない。

第27条　第20条から第25条まで及び第25条の2第1項の規定により事業者が講ずべき措置及び前条の規定により労働者が守らなければならない事項は、厚生労働省令で定める。

②　前項の厚生労働省令を定めるに当たつては、公害（環境基本法（平成5年法律第91号）第2条第3項に規定する公害をいう。）その他一般公衆の災害で、労働災害と密接に関連するものの防止に関する法令の趣旨に反しないように配慮しなければならない。

（安全衛生教育）

第59条　事業者は、労働者を雇い入れたときは、当該労働者に対し、厚生労働省令で定めるところにより、その従事する業務に関する安全又は衛生のための教育を行なわなければならない。

②　前項の規定は、労働者の作業内容を変更したときについて準用する。

③　事業者は、危険又は有害な業務で、厚生労働省令で定めるものに労働者をつかせるときは、厚生労働省令で定めるところにより、当該業務に関する安全又は衛生のための特別の教育を行なわなければならない。

（計画の届出等）

第88条　事業者は、機械等で、危険若しくは有害な作業を必要とするもの、危険な場所において使用するもの又は危険若しくは健康障害を防止するため使用するもののうち、厚生労働省令で定めるものを設置し、若しくは移転し、又はこれらの主要構造部分を変更しようとするときは、その計画を当該工事の開始の日の30日前までに、厚生労働省令で定めるところにより、労働基準監督署長に届け出なければならない。ただし、第28条の2第1項に規定する措置その他の厚生労働省令で定める措置を講じているものとして、厚生労働省令で定めるところにより労働基準監督署長が認定した事業者については、この限りでない。

②（略）

③　事業者は、建設業その他政令で定める業種に属する事業の仕事（建設業に属する事業にあつては、前項の厚生労働省令で定める仕事を除く。）で、厚生労働省令で定めるものを開始しようとするときは、その計画を当該仕事の開始の日の14日前までに、厚生労働省令で定めるところにより、労働基準監督署長に届け出なければならない。

④〜⑦　（略）

2 労働安全衛生規則（抄）(昭和 47 年 9 月 30 日　労働省令第 32 号)

（雇入れ時等の教育）

第35条　事業者は、労働者を雇い入れ、又は労働者の作業内容を変更したときは、当該労働者に対し、遅滞なく、次の事項のうち当該労働者が従事する業務に関する安全又は衛生のため必要な事項について、教育を行なわなければならない。ただし、令第 2 条第 3 号に掲げる業種の事業場の労働者については、第 1 号から第 4 号までの事項についての教育を省略することができる。

1　機械等、原材料等の危険性又は有害性及びこれらの取扱い方法に関すること。

2　安全装置、有害物抑制装置又は保護具の性能及びこれらの取扱い方法に関すること。

3　作業手順に関すること。

4　作業開始時の点検に関すること。

5　当該業務に関して発生するおそれのある疾病の原因及び予防に関すること。

6　整理、整頓及び清潔の保持に関すること。

7　事故時等における応急措置及び退避に関すること。

8　前各号に掲げるもののほか、当該業務に関する安全又は衛生のために必要な事項

②　事業者は、前項各号に掲げる事項の全部又は一部に関し十分な知識及び技能を有していると認められる労働者については、当該事項についての教育を省略することができる。

（特別教育を必要とする業務）

第36条　法第59条第 3 項の厚生労働省令で定める危険又は有害な業務は、次のとおりとする。

1〜33（略）

34　ダイオキシン類対策特別措置法施行令（平成11年政令第433号）別表第 1 第 5 号に掲げる廃棄物焼却炉を有する廃棄物の焼却施設（第90条第 5 号の 4 を除き、以下「廃棄物の焼却施設」という。）においてばいじん及び焼却灰その他の燃え殻を取り扱う業務（第36号に掲げる業務を除く。）

35　廃棄物の焼却施設に設置された廃棄物焼却炉、集じん機等の設備の保守点検等の業務

36　廃棄物の焼却施設に設置された廃棄物焼却炉、集じん機等の設備の解体等の業務及びこれに伴うばいじん及び焼却灰その他の燃え殻を取り扱う業務

37　石綿障害予防規則（平成17年厚生労働省令第21号。以下「石綿則」という。）第４条第１項に掲げる作業に係る業務

38　除染則第２条第７項の除染等業務及び同条第８項の特定線量下業務

39〜41（略）

編注）具体的な作業は、「廃棄物焼却施設関連作業におけるダイオキシン類ばく露防止対策要綱」（103頁〜）を参照のこと。

編注）除染則：「東日本大震災により生じた放射性物質により汚染された土壌等を除染するための業務等に係る電離放射線障害防止規則」

（特別教育の細目）

第39条　前二条及び第592条の７に定めるもののほか、第36条第１号から第13号まで、第27号、第30号から第36号まで及び第39号から第41号までに掲げる業務に係る特別教育の実施について必要な事項は、厚生労働大臣が定める。

（仕事の範囲）

第89条　（略）

第90条　法第88条第３項の厚生労働省令で定める仕事は、次のとおりとする。

1〜5の3（略）

5の4　ダイオキシン類対策特別措置法施行令別表第１第５号に掲げる廃棄物焼却炉（火格子面積が２平方メートル以上又は焼却能力が１時間当たり200キログラム以上のものに限る。）を有する廃棄物の焼却施設に設置された廃棄物焼却炉、集じん機等の設備の解体等の仕事

6・7（略）

（ダイオキシン類の濃度及び含有率の測定）

第592条の2　事業者は、第36条第34号及び第35号に掲げる業務を行う作業場について、６月以内ごとに１回、定期に、当該作業場における空気中のダイオキシン類（ダイオキシン類対策特別措置法（平成11年法律第105号）第２条第１項に規定するダイオキシン類をいう。以下同じ。）の濃度を測定しなければならない。

②　事業者は、第36条第36号に掲げる業務に係る作業を行うときは、当該作業を開始する前に、当該作業に係る設備の内部に付着した物に含まれるダイオキシン類

の含有率を測定しなければならない。

（付着物の除去）
第592条の3　事業者は、第36条第36号に規定する解体等の業務に係る作業に労働者を従事させるときは、当該作業に係る設備の内部に付着したダイオキシン類を含む物を除去した後に作業を行わなければならない。

②　事業者は、前項の作業の一部を請負人に請け負わせるときは、当該請負人に対し、当該作業に係る設備の内部に付着したダイオキシン類を含む物を除去した後に作業を行わなければならない旨を周知させなければならない。

（ダイオキシン類を含む物の発散源の湿潤化）
第592条の4　事業者は、第36条第34号及び第36号に掲げる業務に係る作業に労働者を従事させるときは、当該作業を行う作業場におけるダイオキシン類を含む物の発散源を湿潤な状態のものとしなければならない。ただし、当該発散源を湿潤な状態のものとすることが著しく困難なときは、この限りでない。

②　事業者は、前項の作業の一部を請負人に請け負わせるときは、当該請負人に対し、当該作業を行う作業場におけるダイオキシン類を含む物の発散源を湿潤な状態のものとする必要がある旨を周知させなければならない。ただし、同項ただし書の場合は、この限りでない。

（保護具）
第592条の5　事業者は、第36条第34号から第36号までに掲げる業務に係る作業に労働者を従事させるときは、第592条の2第1項及び第2項の規定によるダイオキシン類の濃度及び含有率の測定の結果に応じて、当該作業に従事する労働者に保護衣、保護眼鏡、呼吸用保護具等適切な保護具を使用させなければならない。ただし、ダイオキシン類を含む物の発散源を密閉する設備の設置等当該作業に係るダイオキシン類を含む物の発散を防止するために有効な措置を講じたときは、この限りでない。

②　労働者は、前項の規定により保護具の使用を命じられたときは、当該保護具を使用しなければならない。

③　事業者は、第1項の作業の一部を請負人に請け負わせるときは、当該請負人に対し、第592条の2第1項及び第2項の規定によるダイオキシン類の濃度及び含有率の測定の結果に応じて、保護衣、保護眼鏡、呼吸用保護具等適切な保護具を

使用する必要がある旨を周知させなければならない。ただし、第一項ただし書の場合は、この限りでない。

（作業指揮者）

第592条の6　事業者は、第36条第34号から第36号までに掲げる業務に係る作業を行うときは、当該作業の指揮者を定め、その者に当該作業を指揮させるとともに、前三条の措置がこれらの規定に適合して講じられているかどうかについて点検させなければならない。

（特別の教育）

第592条の7　事業者は、第36条第34号から第36号までに掲げる業務に労働者を就かせるときは、当該労働者に対し、次の科目について、特別の教育を行わなければならない。

1　ダイオキシン類の有害性
2　作業の方法及び事故の場合の措置
3　作業開始時の設備の点検
4　保護具の使用方法
5　前各号に掲げるもののほか、ダイオキシン類のばく露の防止に関し必要な事項

（掲示）

第592条の8　事業者は、第36条第34号から第36号までに掲げる業務に労働者を就かせるときは、次の事項を、見やすい箇所に掲示しなければならない。

1　第36条第34号から第36号までに掲げる業務に係る作業を行う作業場である旨
2　ダイオキシン類により生ずるおそれのある疾病の種類及びその症状
3　ダイオキシン類の取扱い上の注意事項
4　第36条第34号から第36号までに掲げる業務に係る作業を行う場合においては適切な保護具を使用しなければならない旨及び使用すべき保護具

（洗浄設備等）

第625条　事業者は、身体又は被服を汚染するおそれのある業務に労働者を従事させるときは、洗眼、洗身若しくはうがいの設備、更衣設備又は洗たくのための設備を設けなければならない。

②　事業者は、前項の設備には、それぞれ必要な用具を備えなければならない。

3 特定化学物質障害予防規則（抄）（昭和 47 年 9 月 30 日　労働省令第 39 号）

（事業者の責務）

第 1 条　事業者は、化学物質による労働者のがん、皮膚炎、神経障害その他の健康障害を予防するため、使用する物質の毒性の確認、代替物の使用、作業方法の確立、関係施設の改善、作業環境の整備、健康管理の徹底その他必要な措置を講じ、もつて、労働者の危険の防止の趣旨に反しない限りで、化学物質にばく露される労働者の人数並びに労働者がばく露される期間及び程度を最小限度にするよう努めなければならない。

4　安全衛生特別教育規程（抄）（昭和 47 年 9 月 30 日　労働省告示第 92 号）

（廃棄物の焼却施設に関する業務に係る特別教育）

第21条　安衛則第36条第34号から第36号までに掲げる業務に係る特別教育は、学科教育により行うものとする。

②　前項の学科教育は、次の表の上欄〈編注・左欄〉に掲げる科目に応じ、それぞれ、同表の中欄に掲げる範囲について同表の下欄〈編注・右欄〉に掲げる時間以上行うものとする。

科　　目	範　　囲	時　　間
ダイオキシン類の有害性	ダイオキシン類の性状	0.5時間
作業の方法及び事故の場合の措置	作業の手順 ダイオキシン類のばく露を低減させるための措置 作業環境改善の方法 洗身及び身体等の清潔の保持の方法 事故時の措置	1.5時間
作業開始時の設備の点検	ダイオキシン類のばく露を低減させるための設備についての作業開始時の点検	0.5時間
保護具の使用方法	保護具の種類、性能、洗浄方法、使用方法及び保守点検の方法	1 時間
その他ダイオキシン類のばく露の防止に関し必要な事項	法、令及び安衛則中の関係条項 ダイオキシン類のばく露を防止するため当該業務について必要な事項	0.5時間

5　廃棄物焼却施設関連作業におけるダイオキシン類ばく露防止対策要綱

「廃棄物焼却施設内作業におけるダイオキシン類ばく露防止対策要綱」の改正について

（平成26年1月10日　基発0110第1号）

　廃棄物焼却施設における解体作業については、労働安全衛生規則（昭和47年労働省令第32号）第592条の2から第592条の7までの規定に基づき、労働者のダイオキシン類によるばく露防止措置が定められるとともに、労働安全衛生法第88条第4項〈編注：現行＝第88条第3項〉に基づく計画の届出の対象とされている。

　これらに関して留意すべき事項を含め、事業者が講ずべき基本的な措置については、「廃棄物焼却施設内作業におけるダイオキシン類ばく露防止対策について」（平成13年4月25日付け基発第401号の2）により定めているが、近年は、焼却炉をあらかじめ取り外した上で、処理施設に運搬して付着物の除去と解体を行う「移動解体」により作業が進められることも多い。このため、「ダイオキシンばく露防止対策要綱の見直しのための専門家会議」を開催し、取外し作業が不適切に行われることによる労働者へのばく露や、運搬時の汚染物の飛散防止等を目的として、技術的な基準について検討が行われ報告書が取りまとめられたところである。

　今般、これらを踏まえ、下記のとおり標記要綱の改正を行ったので、関係事業者、自治体等に対して本要綱を周知するとともに、対策の実施を図り、廃棄物の焼却施設における焼却炉等設備の解体等作業におけるダイオキシン類ばく露防止の徹底を期されたい。

記

1　廃棄物焼却施設内作業におけるダイオキシン類ばく露防止対策要綱の改正
　　廃棄物焼却施設内作業におけるダイオキシン類ばく露防止対策について（平成13年4月25日付け基発第401号の2）の別添（廃棄物焼却施設内作業におけるダイオキシン類ばく露防止対策要綱）を別添のように改正する。
2　関係通達の一部改正
　　労働安全衛生規則の一部を改正する省令の施行について（平成13年4月25日付け基発第402号）の一部を次のように改正する。
　　記の第2の1の(3)のア中「破壊の作業」の後に「（当該設備を設置場所から他の施設に運搬して行う当該設備の解体又は破壊の作業を含む。）」を加える。

別添

廃棄物焼却施設関連作業におけるダイオキシン類ばく露防止対策要綱

第1　趣旨

　　ダイオキシン類対策特別措置法施行令（平成11年政令第433号）別表第1第5号に掲げる廃棄物焼却炉を有する廃棄物の焼却施設（以下「廃棄物の焼却施設」という。）における焼却炉等の運転、点検等作業及び解体作業に従事する労働者のダイオキシン類へのばく露を未然に防止することが重要であることから、厚生労働省では、平成13年4月に労働安全衛生規則の一部を改正し、廃棄物の焼却施設におけるダイオキシン類へのばく露防止措置を規定したところである。

　　本対策要綱は、改正後の労働安全衛生規則に規定された事項を踏まえ、事業者が講ずべき基本的な措置を示し、労働者のダイオキシン類へのばく露防止の徹底を図ることを目的とするものである。

第2　対象作業

1　作業の分類

　　本対策要綱における「ダイオキシン類」とは、ポリ塩化ジベンゾフラン、ポリ塩化ジベンゾ-パラ-ジオキシン及びコプラナー PCBをいい、対象となる作業は、廃棄物の焼却施設において行われる次の(1)及び(2)の作業（以下「運転、点検等作業」という。）、(3)の作業（以下「解体作業」という。）並びに(4)の作業（以下「運搬作業」という。）であり、これらを合わせて廃棄物焼却施設関連作業ということ。

(1)　廃棄物の焼却施設におけるばいじん及び焼却灰その他の燃え殻の取扱いの業務に係る作業

　　具体的には、

ア　焼却炉、集じん機等の内部で行う灰出しの作業

イ　焼却炉、集じん機等の内部で行う設備の保守点検等の作業の前に行う清掃等の作業

ウ　焼却炉、集じん機等の外部で行う焼却灰の運搬、飛灰（ばいじん等）の固化等焼却灰、飛灰等を取り扱う作業

エ　焼却炉、集じん機等の外部で行う清掃等の作業

オ　焼却炉、集じん機等の外部で行う上記ア及びイの作業の支援及び監視等の

作業

(2) 廃棄物の焼却施設に設置された廃棄物焼却炉、集じん機等の設備の保守点検等の業務に係る作業

具体的には、

ア　焼却炉、集じん機等の内部で行う設備の保守点検等の作業

イ　焼却炉、集じん機等の外部で行う焼却炉、集じん機その他の装置の保守点検等の作業

ウ　焼却炉、集じん機等の外部で行う(2)のアの作業の支援、監視等の作業

ただし、保守点検等に伴い、ばいじん及び焼却灰その他の燃え殻等を取り扱う場合は、上記(1)の作業に該当すること。

(3) 廃棄物の焼却施設に設置された廃棄物焼却炉、集じん機等の設備の解体等の業務及びこれに伴うばいじん及び焼却灰その他の燃え殻の取扱いの業務に係る作業

具体的には、

ア　廃棄物焼却炉、集じん機、煙道設備、排煙冷却設備、洗煙設備、排水処理設備及び廃熱ボイラー等の設備の解体又は破壊の作業（当該設備を設置場所から第3の3の(3)のオで定める処理施設（以下単に「処理施設」という。）に運搬して行う当該設備の解体又は破壊の作業（以下「移動解体」という。）を含む。）

イ　上記アに係る設備の大規模な撤去を伴う補修・改造の作業

ウ　上記ア及びイの作業に伴うばいじん及び焼却灰その他の燃え殻を取り扱う作業

ただし、耐火煉瓦の取替え等、定期的に行う点検補修作業で大規模な撤去を伴わない作業については、上記(2)の作業に該当すること。

(4) 移動解体の対象となる設備を処理施設に運搬する作業

なお、本対策要綱の適用対象は、事業場に設置されたダイオキシン類対策特別措置法施行令（平成11年政令第433号）別表第1第5号に掲げる廃棄物焼却炉（火床面積が0.5平方メートル以上又は焼却能力が1時間当たり50キログラム以上のものに限る。）を有する廃棄物の焼却施設において行われる作業であるが、本対策要綱の適用対象より小規模の焼却施設において行われる作業についても、本対策要綱に準じばく露防止対策を講ずることが望ましいものであること。

2　遠隔操作等で行う作業及びばく露の少ない廃棄物焼却炉における作業の適用関

係

(1)　遠隔操作等で行う作業

　　本対策要綱は、①ガラス等により隔離された場所において遠隔操作で行う作業、②密閉系で灰等をベルトコンベア等で運搬するのを監視する作業等、焼却灰及び飛灰に労働者がばく露することのない作業については、適用されないものであること。

(2)　ばく露の少ない焼却炉における作業

　　本対策要綱は、運転、点検等作業について、下記のアからエに掲げる条件を全て満たす焼却炉における作業については、ダイオキシン類にばく露することが少ないため、本対策要綱のうち法令に定める事項である第3の1の(1)、(2)、(3)及び(6)のイ、並びに第3の2の(2)のアに定める事項に限り適用することとする。なお、これ以外の事項については、必要に応じて適用すること。

ア　ダイオキシン類特別措置法（平成11年法律第105号）第28条に定めるばいじん及び焼却灰その他の燃え殻のダイオキシン類の測定結果が3000（pg-TEQ/g-dry）より低いこと。

イ　第3の2の(2)のア及びウの空気中のダイオキシン類濃度の測定結果から別紙2により決定する管理区域が、第1管理区域であること。

ウ　屋外に設置された焼却炉であること。

エ　単一種類の物を焼却する専用の焼却炉であること。

第3　ばく露防止対策

1　運転、点検等作業及び解体作業において共通して講ずべき措置

(1)　特別教育

　　運転、点検等作業又は解体作業を行う事業者（以下「対象作業を行う事業者」という。）は、労働者に労働安全衛生規則第592条の7及び安全衛生特別教育規程（昭和47年労働省告示第92号）に定めるところにより、特別教育を行うこと。

(2)　作業指揮者の選任

　　対象作業を行う事業者は、労働安全衛生規則第592条の6に定めるところにより、化学物質についての知識を有する者等の中から作業指揮者を選任し、作業を指揮させるとともに、作業に従事する労働者の保護具の着用状況及びダイオキシン類を含む物の発散源の湿潤化の確認を行わせること。

　　なお、コンクリート造の工作物の解体作業等においては、併せてコンクリー

ト造の工作物の解体等作業主任者を選任する必要があること。

(3)　発散源の湿潤化

　　対象作業を行う事業者（第2の1の(2)の作業のみを行う事業者を除く。）は、労働安全衛生規則第592条の4に定めるところにより、作業場におけるダイオキシン類を含む物の発散源を湿潤な状態のものとしなければならないこと。ただし、当該発散源を湿潤な状態のものとすることが著しく困難なときは、この限りではないこと。

(4)　健康管理

　　対象作業を行う事業者は、労働者に対し、労働安全衛生法に基づく一般健康診断を確実に実施するとともに、ダイオキシン類へのばく露による健康不安を訴える労働者に対して、産業医等の意見を踏まえ、必要があると認める場合に、就業上の措置等を適切に行うこと。

　　また、事故、保護具の破損等により当該労働者がダイオキシン類に著しく汚染され、又はこれを多量に吸入したおそれのある場合は、速やかに当該労働者に医師による診察又は処置を受けさせること。なお、この場合には、必要に応じて、当該労働者の血中ダイオキシン類濃度測定を行い、その結果を記録して30年間保存しておくこと。

(5)　就業上の配慮

　　対象作業を行う事業者は、女性労働者については、母性保護の観点から、廃棄物焼却施設における運転、点検等作業及び解体作業における就業上の配慮を行うこと。

(6)　保護具

　　対象作業を行う事業者は、次の措置を講ずること。

ア　保護具の管理

（ア）　保護具の着用状況の管理

a　労働者に対する呼吸用保護具の着脱訓練の実施

　　労働者に対して、呼吸用保護具のフィットテストの方法、緊急時の対処方法及び呼吸用保護具の正しい着脱方法・着脱手順等について訓練を行うことにより習得させること。

b　作業開始前における保護具の着用状況の確認

　　労働者に保護具の着用状況の確認を相互に行わせること。

（イ）　作業後における保護具の取外し等

　　作業を行った後の保護具は汚染されているおそれがあることから、以下

の措置を講ずること。

a　作業場と更衣場所の間に保護具の汚染及び焼却灰等を除去するためのエアシャワー等の汚染物除去設備を設けること。

b　保護具の着脱は、アの(イ)のaの汚染物除去設備が存在する場所ではなく更衣場所において行うこと。また、保護具は更衣場所から汚染された状態で持ち出させないこと。

（ウ）　保護具は日常の保守点検を適切に行うこと。

（エ）　ダイオキシン類で汚染されたおそれのある保護具は、使い捨てが指定されているもの及び手入れの方法が別に定められている呼吸用保護具のろ過材及び吸収缶を除き、清水、温水、中性洗剤及びヘキサン等により洗浄すること。

（オ）　ダイオキシン類で表面が汚染されたおそれのある治具・工具及び重機等の機材は、使い捨てが指定されているものを除き、清水、温水、中性洗剤及びヘキサン等により洗浄すること。

（カ）　ヘキサン等により洗浄する場合は、溶解したダイオキシン類によるばく露防止措置を講ずること。

（キ）　プレッシャデマンド形エアラインマスクには、ダイオキシン類、一酸化炭素等の有害物質、オイルミスト及び粉じん等を含まない清浄な空気を供給すること。

イ　保護具の選定

労働安全衛生規則第592条の5に定めるところにより別紙3に示す保護具について、運転、点検等作業については別紙4に掲げる方法で、解体作業については別紙5に掲げる方法で選択し労働者に使用させること。

ただし、高所作業又は臨時の作業においては下記のとおりとすること。

（ア）　高所作業における特例

レベル3の保護具を使用する作業場における高所作業で、エアラインのホースが作業の妨げとなる場合又はエアラインのホースの当該場所までの延長が困難な場合は、当該作業場所近傍に十分な能力を有するエアラインの接続箇所を設置するとともに、各接続箇所間の移動においては、プレッシャデマンド形エアラインマスクでエアラインを外した時、防じん防毒併用呼吸用保護具となるものを使用させること。

なお、エアラインの接続箇所の設置が困難である場合には、プレッシャデマンド形空気呼吸器を使用させること。また、墜落防止のため、安全な

作業床を設けること。なお、安全な作業床を設けることが困難である場合には、安全帯を使用する等墜落防止措置を講ずること。

　（イ）　臨時の作業における特例

　　　レベル3の保護具を使用する作業場において足場の設置・解体作業等臨時の作業を行う場合であって、エアラインマスクを使用することが困難な場合には、次のaからcまでに掲げる措置を講じた上で、防じん機能付き防毒マスクを使用して作業を行わせても差し支えないものであること。ただし、作業前に測定した空気中のダイオキシン類濃度について、第3の2の(2)のウの管理区域の決定方法によって行った管理区域（解体作業にあってはこれを準用した管理区域）が第3管理区域となるときは、プレッシャデマンド型空気呼吸器を使用させること。

　　　a　作業前に床面の清掃を行うこと。

　　　b　デジタル粉じん計等により、作業を行っている間に連続して空気中の粉じん濃度の測定を実施すること。

　　　c　作業を行っている間、粉じん及びガス状のダイオキシン類を発散させるおそれのある作業を中断すること。

　(7)　休憩室使用の留意事項

　　　対象作業を行う事業者は、労働者の作業衣等に付着した焼却灰等により、休憩室が汚染されない措置を講ずること。

　(8)　喫煙等の禁止

　　　対象作業を行う事業者は、作業が行われる作業場では、労働者が喫煙し、又は飲食することを禁止すること。

2　運転、点検等作業において講ずべき措置

　(1)　安全衛生管理体制の確立

　ア　廃棄物の焼却施設を管理する事業者の実施事項

　　　廃棄物の焼却施設を管理する事業者は、次の措置を講ずること。

　（ア）　ダイオキシン類対策委員会

　　　産業医、衛生管理者、（イ）の対策責任者等で構成する「ダイオキシン類対策委員会」を設置し、本対策要綱に定める措置等を盛り込んだ「ダイオキシン類へのばく露防止推進計画」（以下「推進計画」という。）を策定すること。

　（イ）　対策責任者の選任

　　　労働者のダイオキシン類へのばく露防止対策を講じるに当たり、本対策

要綱に定める措置を適切に行うため、ダイオキシン類対策の対策責任者を
定め、次の職務を行わせること。

　　a　ダイオキシン類対策委員会の運営及び推進計画の委託先事業者、関係
　　　請負人等への周知

　　b　（ウ）の協議組織の運営

　　c　その他推進計画の実施に関する事項

（ウ）　委託先事業者、関係請負人等との協議組織

　　　廃棄物の焼却施設における作業の全部又は一部を他に委託し、又は請負
　　人に請け負わせている場合には、全ての関係事業者が参加する協議組織を
　　設置し、当該作業を行う労働者のダイオキシン類へのばく露防止を図るた
　　め推進計画に基づく具体的な推進方法等を協議すること。

イ　受託事業者又は関係請負人の実施に関する事項

　　運転、点検等作業の全部又は一部を受託し、又は請け負っている事業者は、
　ダイオキシン類対策の実施責任者を定め、推進計画を踏まえた対策を実施させ
　ること。

(2)　空気中のダイオキシン類濃度の測定

　　運転、点検等作業を行う事業者は、次の措置を講ずること。なお、廃棄物の
　焼却施設を管理する事業者が、既に測定を行っている場合については、この結
　果を用いて差し支えないこと。

ア　空気中のダイオキシン類の測定

　　運転、点検等作業が常時行われる作業場について、労働安全衛生規則第592
　条の2に定めるところにより、別紙1の方法により、空気中のダイオキシン類
　濃度の測定を行うこと。

イ　測定結果の保存

　　測定者、測定場所を示す図面、測定日時、天候、温度・湿度等測定条件、測
　定機器、測定方法、ダイオキシン類濃度等を記録し、30年間保存すること。

ウ　管理区域の決定

　　作業環境評価基準（昭和63年労働省告示第79号）に準じて、別紙2の方法に
　より管理区域を決定すること。

　　なお、ダイオキシン類の管理すべき濃度基準は、2.5pg-TEQ/m^{3}とすること。

エ　焼却灰等の粉じん、ガス状ダイオキシン類の発散防止対策

　　ウの結果、第2管理区域又は第3管理区域となった作業場において、次に掲
　げる方法等により、焼却灰等の粉じん及びガス状ダイオキシン類の発散を防止

する対策を行うこと。

（ア）　燃焼工程、作業工程の改善

（イ）　発生源の密閉化

（ウ）　作業の自動化や遠隔操作方法の導入

（エ）　局所排気装置及び除じん装置の設置

（オ）　作業場の湿潤化

　　なお、以上の測定についてのダイオキシン類分析は、国が行う精度管理指針等に基づき、適切に精度管理が行われている機関において実施するとともに、その結果については、関係労働者に周知すること。

3　解体作業において講ずべき措置

(1)　対象施設の情報提供

　　解体作業を行う場合、廃棄物の焼却施設を管理する事業者は、解体作業を請け負った元方事業者等に、解体対象施設の図面、6月以内に測定した対象施設の空気中のダイオキシン類濃度の測定結果及び焼却炉、集じん機等の設備の外部の土壌に堆積したばいじん、焼却灰その他の燃え殻（以下「残留灰」という。）の堆積場所に関する情報等がある場合にはこれを解体作業前に提供すること。

(2)　安全管理体制の確立

　　解体作業を請け負った元方事業者は、次の措置を講ずること。

ア　統括安全衛生管理体制

　　労働安全衛生法第15条等に定めるところにより、その労働者及び請負人の労働者の人数に応じ、統括安全衛生責任者又は元方安全衛生管理者等を選任する等、統括安全衛生管理体制の確立を図ること。

イ　関係請負人との協議組織等

　　労働安全衛生法第30条に定めるところにより、全ての関係請負人が参加する協議組織を設置し、混在作業による危険の防止に関して協議すること。また、関係請負人に対し安全衛生上必要な指導等を行うこと。

(3)　移動解体を採用する場合の要件

　　移動解体を採用する場合には、以下によること。

ア　設備本体の解体を伴わずに運搬ができる設備であること。具体的には、以下の①から③までのいずれかの作業（以下「取外し作業」という。）のみにより運搬ができる状態になるものをいうこと。

①　設備本体の土台からの取外し（土台ごと設備本体をつり上げる場合を含

む。）

② 煙突及び配管の設備本体からの取外し

③ 煙道（焼却炉の運転により発生した燃焼ガスを焼却炉の燃焼室から煙突まで導く管をいう。以下同じ。）で区切られた設備本体間の連結部の取外し

イ 設備からの汚染物が飛散しないよう、クレーン等を用いた設備本体のつり上げ時に底板が外れるおそれがないなど構造上の問題がないこと。また、底板がない設備については、土台ごと設備本体を吊り上げることにより飛散防止措置を講ずることが可能であること。

ウ クレーン等を用いた設備等のつり上げ時等に、老朽化等により設備が変形し又は崩壊するおそれがないこと。

エ 運搬車への積込み作業を円滑に行うことができるよう、焼却炉等の設備の周辺に十分な場所を有すること。

オ 処理施設については、以下を満たすものとすること。

（ア） 廃棄物の種類に応じて、廃棄物の処理及び清掃に関する法律（昭和45年法律第137号）に基づく一般廃棄物処理施設（ダイオキシン類に係る特別管理一般廃棄物の処理が可能なものに限る。）又は産業廃棄物処理施設（ダイオキシン類に係る特別管理産業廃棄物の処理が可能なものに限る。）として許可を受けたものであること。

（イ） 汚染物について、飛散防止措置を講じた上で容器に入れ密封する等の措置を講じ、解体作業を行うまでの間、作業の妨げとならない場所に隔離・保管することのできる設備を有すること。

（ウ） 運搬車から積下ろし作業を円滑に行うことができるよう、適切な積下ろし場所を有すること。

（エ）「ダイオキシン類基準不適合土壌の処理に関するガイドライン」（平成23年３月環境省水・大気環境局土壌環境課）に準じたものとすること。

(4) 空気中のダイオキシン類の測定及びサンプリング

解体作業を行う事業者は、次の措置を講ずること。また、残留灰を除去する作業については、(10)にも留意すること。

ア 空気中のダイオキシン類の測定

解体作業が行われる作業場について、別紙1の方法により、空気中のダイオキシン類濃度の測定を単位作業場所ごとに１箇所以上、解体作業開始前、解体作業中に少なくとも各１回以上行うこと。

なお、解体作業前の測定については、処理施設において解体作業を行う場合

を除き、廃棄物の焼却施設を管理する事業者が、解体作業開始前6月以内に上記箇所における測定を行っている場合については、この結果を用いて差し支えないこと。

イ　解体作業の対象設備の汚染物のサンプリング調査

解体作業の対象設備について、労働安全衛生規則第592条の2に定めるところにより、汚染物のサンプリング調査を事前に実施すること。

（ア）　汚染物のサンプリング調査時のばく露防止対策

汚染物のサンプリング調査作業を行うに当たっては、別紙3に示すレベル3の保護具を着用して作業を行うこと。

なお、上記ア後段の場合においては、別紙3に示すレベル2の保護具として差し支えないこと。

（イ）　サンプリング調査の対象設備及び対象物

サンプリング調査対象設備及び対象物は、次のとおりとすること。

a　焼却炉本体　　　　炉内焼却灰及び炉壁付着物
b　廃熱ボイラー　　　缶外付着物
c　煙突　　　　　　　煙突下部付着物
d　煙道　　　　　　　煙道内付着物
e　除じん装置　　　　装置内堆積物及び装置内壁面等付着物
f　排煙冷却設備　　　設備内付着物
g　排水処理設備　　　設備内付着物
h　その他の設備　　　付着物

なお、サンプリング対象物におけるダイオキシン類含有量が同程度であることが客観的に明らかである場合は、必ずしも全ての対象についてサンプリングする必要はない。例えば、①除じん装置の汚染物においてダイオキシン類含有量が3000pg-TEQ/g以下の濃度である場合の焼却炉本体、廃熱ボイラー、煙突及び煙道におけるサンプリングの省略（廃棄物焼却施設運転中のダイオキシン類の測定結果等により、除じん装置の汚染物における含有量が最も高いことが明らかである場合に限る。）、②煙突と煙道が一体となっている場合の一方の設備におけるサンプリングの省略、③小規模施設で設備ごとの区分ができない場合のサンプリングの一括化等がある。

（ウ）　追加的サンプリング調査の実施

汚染物のサンプリング調査の結果、3000pg-TEQ/gを超えるダイオキシン類が検出された場合には、その周囲の箇所（少なくとも1点以上）にお

ける汚染状況の追加調査を行うこと。
　　（エ）　サンプリング調査の記録及び記録の保存
　　　　　サンプリング調査に当たっては、日時（年月日及び時間）、実施者名、
　　　　サンプリング調査時の温度、湿度、サンプリング調査方法（方法及び使用
　　　　した工具等）及びサンプリング調査箇所を示す写真・図面等の項目につい
　　　　て記録し、その記録を30年間保存すること。
　　なお、以上の測定、サンプリングについてのダイオキシン類分析は、国が行
　う精度管理指針等に基づき、適切に精度管理が行われている機関において実施
　するとともに、その結果については、関係労働者に周知すること。
(5)　解体作業の計画の届出
　　労働安全衛生法第88条及び労働安全衛生規則第90条第5号の3〈編注：現行
　＝第90条第5号の4〉に定めるところにより、廃棄物焼却炉（火格子面積が2
　m^{2}以上又は焼却能力が1時間当たり200kg以上のものに限る。）を有する廃棄
　物の焼却施設に設置された廃棄物焼却炉、集じん機等の設備の解体等（移動解
　体における取外し作業及び処理施設での解体作業を含む。）の仕事を行う事業
　者は、工事開始の日の14日前までに次の書類を添付して、廃棄物の焼却施設の
　所在地を管轄する労働基準監督署長に対し、計画の届出を行うこと。
ア　仕事を行う場所の周囲の状況及び四隣との関係を示す図面
イ　解体等をしようとする廃棄物焼却施設等の概要を示す図面
　　具体的には、
　　解体作業を行う廃棄物焼却施設、建設物の概要を示す図面（平面図、立面
　図、焼却炉本体、煙道設備、除じん設備、排煙冷却設備、洗煙設備、排水処理
　設備、廃熱ボイラー等の概要を示すもの。）
ウ　工事用の機械、設備、建設物等の配置を示す図面
エ　工法の概要を示す書面又は図面
オ　労働災害を防止するための方法及び設備の概要を示す書面又は図面
　　具体的には、
　　（ア）　ダイオキシン類ばく露を防止するための方法及び設備の概要を示す書面
　　　　又は図面（除去処理工法、作業の概要、除去後の汚染物管理計画、使用す
　　　　る保護具及びその保護具の区分を決定した根拠等）
　　（イ）　統括安全衛生管理体制を示す書面
　　（ウ）　特別教育等の労働衛生教育の実施計画
　　（エ）　解体作業が行われる作業場における事前の空気中ダイオキシン類濃度測

定結果

（オ）　解体作業の対象設備における事前の汚染物のサンプリング調査結果

（カ）　解体作業中の空気中ダイオキシン類濃度測定計画

カ　工程表

　　なお、これらの書類に記載された内容に大幅な変更が生じるときにはその内容を速やかに所轄労働基準監督署長あて報告すること。

(6)　解体方法の選択

　　解体作業を行う事業者は、①作業前に測定した空気中のダイオキシン類濃度測定結果、②解体作業の対象設備の汚染物のサンプリング調査結果、③付着物除去記録等を用いて別紙6の方法により、管理区域を設定するとともに、解体方法の決定を行うこと。

(7)　付着物除去作業の実施

　　事業者は、労働安全衛生規則第592条の3に基づき、解体作業実施前に設備（取外し作業にあっては取外しを行おうとする部分に限る。）の内部に付着したダイオキシン類を含む物の除去を十分に実施すること。

　　当該付着物除去作業の際には、

ア　作業場所を仮設構造物（天井・壁等）又はビニールシート等により他の作業場所と隔離すること。

イ　高濃度の場合には、可能な限り遠隔操作により作業を行うこと。

ウ　煙道等狭隘な場所においては、高圧水洗浄等により付着物除去を行う等、除去作業を行う場所や付着物の状況に応じた適切な措置を講ずること。

　　なお、高圧水洗浄を行う場合は、作業に従事する労働者が高圧水に直接触れないよう留意するとともに、使用水量を可能な限り抑えるとともに、汚染物を含む水の外部への漏出や地面からの浸透を防止する措置を講ずること。

　　なお、付着物除去結果の確認のため、付着物除去前後の写真撮影を入念に行い、その結果を保存すること。

(8)　作業場所の分離・養生

　　事業者は、ダイオキシン類による汚染の拡散を防止するため、管理区域ごとに仮設の天井・壁等による分離、あるいはビニールシート等による作業場所の養生を行うこと。

(9)　移動解体における留意事項

　　移動解体に当たっては、解体作業を行う事業者は、以下の事項に留意すること。また、処理施設で運搬車から積み下ろした設備の開梱は、アに基づき設定

した管理区域内で必要なばく露防止措置を講じた上で行うこと。

ア　取外し作業を行うときは、別紙6の方法により管理区域を設定するとともに、可能な限り溶断以外の方法から使用機材等の決定を行うこと。

　　なお、やむを得ず溶断による方法を一部選択して取外し作業を行う場合は、煙突及び煙道等燃焼ガスが通る部分が加熱されないよう配管部分に限定し、かつ、別紙6の4に示す措置及びレベル3の保護具により行うこと。

イ　溶断以外の方法を用いて取外し作業を行う場合であって、設備本体、煙突、配管及び煙道の関係部分を密閉し、その内部の空気を吸引・減圧した状態で外部から作業を行い、作業を行う間を通して常に負圧を保ち汚染物の外部への漏えいを防止する措置を講じた場合は、(7)にかかわらず事前に付着物の除去を行わないことができる。

ウ　廃棄物の焼却施設で取り外した設備については、運搬車への積込みに先立ち、管理区域内においてビニールシートで覆う等により密閉した状態とすること。特に、積込み時の落下等により汚染物が飛散しないよう、厳重に密閉すること。

(10)　残留灰を除去する作業の実施

　　解体作業に併せて、残留灰を除去する作業を受託し、又は請け負う事業者は、1の各項及び(11)に加えて以下の措置を講ずること。

ア　空気中のダイオキシン類の測定

　　廃棄物の焼却施設を管理する者からの情報等に基づき、残留灰が堆積している箇所について、別紙1の方法により、空気中のダイオキシン類濃度の測定を単位作業場所ごとに1箇所以上、作業開始前、作業中に少なくとも各1回以上行うこと。

　　なお、作業前の測定については、廃棄物の焼却施設を管理する事業者が、解体作業開始前6月以内に上記箇所における測定を行っている場合については、この結果を用いて差し支えないこと。

イ　残留灰を除去する作業

　　残留灰を除去する作業を行う事業者は、以下により作業を行うこと。

（ア）　別紙4により保護具を選定し、別紙3により対応する保護具（ただしレベル1の場合に使用する呼吸用保護具は、電動ファン付き呼吸用保護具）を使用すること。

（イ）　ダイオキシン類による汚染の拡散を防止するため、作業に先立ち、仮設の天井・壁等による分離、あるいはビニールシート等による作業場所の養

生を行うこと。

（ウ）　１の(3)に基づき、堆積した残留灰を湿潤な状態のものとした上で、原地面が確認できるまで除去すること。特に土壌からの再発じんにも留意すること。

（エ）　除去結果を後日確認できるようにするため、除去前後の写真撮影を入念に行い、その結果を取りまとめるとともに、廃棄物の焼却施設を管理する事業者に提出すること。

⑾　周辺環境への対応

　　　事業者は、解体作業及び残留灰を除去する作業によって生じる排気、排水及び解体廃棄物による周辺環境への影響を防止するため、次の措置を講ずること。

ア　排気処理

　　　管理区域内のダイオキシン類に汚染された空気及び粉じん等については、チャコールフィルター等により適切な処理を行った上で、排出基準に従い、大気中に排出すること。

イ　排水処理

　　　解体作業及び残留灰を除去する作業により生じるダイオキシン類により汚染された排水は、関係法令で定める排出水の基準（10pg-TEQ/l）を満たすことが可能な凝集沈殿法等の処理施設で処理した後、外部に排水すること。なお、未処理の洗浄水及び凝集沈殿処理を行った凝集汚染物は、特別管理廃棄物として処理すること。

ウ　解体廃棄物の処理

　　　汚染除去された又は除去する必要のない解体廃棄物については、廃棄物の処理及び清掃に関する法律に沿って、一般廃棄物、産業廃棄物及び特別管理産業廃棄物ごとに、廃棄物の種類に応じて分別して排出し、処分すること。

　　　分別作業に際してはサンプルのダイオキシン類分析結果等を参考にして、それぞれの汚染状況に応じて関係法令に基づき処理又は処分されるまでの間一時保管を行うこと。

　　　また、高濃度汚染物の詰替えを行う場合は作業を行う場所を保護具選定に係る第３管理区域とすること。

エ　その他廃棄物の処理

　　　付着物除去作業及び解体作業によって生じた汚染物は、飛散防止措置を講じたうえで密閉容器に密封し、関係法令に基づき処理されるまでの間、作業の妨げとならない場所に隔離・保管すること。

オ　周辺環境等の調査

　　すべての解体作業及び残留灰を除去する作業終了後、当該施設と施設外の境界部分及び残留灰を除去する作業を完了した箇所において環境調査を行うこと。

4　運搬作業において講ずべき措置

(1)　対象設備の情報提供

　　移動解体において、取外し作業を行った事業者は、運搬を他の事業者に請け負わせる場合には、請け負った事業者に対し、空気中のダイオキシン類の測定及び解体作業の対象設備の汚染物のサンプリング調査の結果、取外し作業の概要及び移送に当たり留意すべき事項に関する情報を提供すること。

(2)　荷の積込み及び積下ろし時における措置

　　廃棄物の焼却施設における取り外した設備の積込み及び処理施設における荷の積下ろしは、以下により行うこと。なお、積込みに先立ち設備を密閉する作業及び積み下ろした設備を開梱する作業については、解体作業の一環として行う必要があること。

ア　廃棄物の焼却施設で取り外した設備については、ビニールシート等で覆われ密閉された状態であることを確認した後に、運搬車への積込みを行うこと。

イ　運搬に使用するトラック等の荷台への積込みは、運搬中を通じて安定的に密閉状態を維持できるように行うこと。

ウ　処理施設での荷の積下ろしに当たっては、あらかじめ設備の覆い等に破損がないことを確認した上で、密閉した状態のままで行うこと。また、設備の覆い等に破損がみられた場合は、補修する等により密閉した状態とした上でなければ積下ろしを行ってはならないこと。

エ　荷の積込み及び積下ろしを行っている間、1の(6)に準じ、別紙3に掲げるレベル1相当以上の保護具を使用すること。

(3)　運搬時の措置

ア　運搬は、設備等が変形し、又は破損することがないような方法で行うこと。なお、小型焼却炉や集じん機等、横倒しにより汚染物が漏えいするおそれのあるものについては、横倒しの状態で運搬しないこと。

イ　取り外された設備の処理施設への運搬においては、廃棄物の処理及び清掃に関する法律に基づき、廃棄物の種類に応じて、許可を受けた廃棄物収集運搬業者その他の廃棄物の運搬を行うことができる者が、廃棄物の収集又は運搬の基準に従い行うこと。

別紙1

空気中のダイオキシン類濃度の測定方法

作業環境における空気中のダイオキシン類の濃度測定は、作業環境測定基準（昭和51年労働省告示第46号）に準じた次の方法により行うこと。

1　測定の頻度

運転、点検等作業について、6か月以内ごとに1回、定期に実施すること。また、施設・設備、作業工程又は作業方法について大幅な変更を行った場合は、改めて測定を行うこと。

2　測定の時間帯

焼却炉、集じん機及びその他の装置の運転等の作業が定常の状態にある時間帯に行うこと。

なお、作業場が屋外の場合には、雨天、強風等の悪天候時は避けること。

3　測定の位置

(1)　作業場が屋内の場合

次により、測定を行うこと。

ア　A測定に準じた測定を行うこと。また、その測定点は、単位作業場所（当該作業場の区域のうち労働者の作業中の行動範囲、有害物の分布等の状況等に基づき定められる測定のために必要な区域をいう。以下同じ。）の床面上に6メートル以下の等間隔で引いた縦の線と横の線との交点の床上50センチメートル以上150センチメートル以下の位置（設備等があって測定が著しく困難な位置を除く。）とすること。さらに、測定点の数は、単位作業場所について5以上とすること。

イ　粉じんの発散源に近接する場所において作業が行われる単位作業場所にあっては、アに定める測定のほか、当該作業が行われる時間のうち粉じんの濃度が最も高くなると思われる時間に、当該作業の行われる位置においてB測定に準じた測定を行うこと。

(2)　作業場が屋外の場合

粉じんの発散源に近接する場所ごとに、B測定に準じた測定を行うこと。

4　空気中のダイオキシン類及び総粉じんの濃度測定

(1)　粉じん、ガス状物質及び微細粒子のダイオキシン類濃度を測定する場合

空気中のダイオキシン類の濃度測定に際してはハイボリウムサンプラーに粉じん捕集ろ紙とウレタンフォームが直列に装着できるウレタンホルダをセットした上で測定を行うこと。

また、測定結果の分析の際にはろ紙上の粉じんとウレタンフォームに捕集されたガス状物質及び微細粒子を合計し、ガス状物質及び微細粒子合計のダイオキシン類を分析すること。

なお、以下アからウの場合には、ガス状物質及び微細粒子を別々に分析し、それぞれのダイオキシン類を算出すること。

ア　廃棄物焼却施設の解体作業前に測定するダイオキシン類の測定

イ　高温作業場所のような適切な保護具等の選定が不可欠である場合のダイオキシン類の測定

ウ　運転、点検等作業において保護具を選定する場合のダイオキシン類の測定

なお、ガス状のダイオキシン類濃度を正しく把握するため、サンプリング時間は、4時間以上（ガス状物質と粉じんの合量としてダイオキシン類濃度を測定する際は、2時間以上）となるようにすること。

(2)　空気中の総粉じんの濃度測定方法

ア　ろ過捕集方法及び重量分析方法による場合

試料の採取方法は、ローボリウムサンプラーを用いて、オープンフェイス型ホルダにろ過材としてグラスファイバーろ紙を装着し、吸引量は、毎分20〜30リットルとすること。なお、粉じんの測定に関するA測定及びB測定のサンプリング時間は各測定点につき10分間以上とすること。

イ　デジタル粉じん計を用いる方法

空気中の総粉じん濃度の測定については、デジタル粉じん計を用いて差し支えないこと。なお、粉じんの測定に関するA測定及びB測定のサンプリング時間は、各測定点につき10分間以上とすること。

5　併行測定について

(1)　単位作業場所（作業が屋外の場合には、粉じん発生源に近接する場所）の1以上の測定点において併行測定を行うこと。

(2)　併行測定点での空気中の総粉じんの濃度測定は、(3)のサンプリング時間と同じ時間併行して行うこと。

(3) 併行測定点での空気中のダイオキシン類の濃度測定は、ろ過捕集方法及びガスクロマトグラフ質量分析方法又はこれと同等以上の性能を有する分析方法によること。また、試料の採取方法は、フィルター、ウレタンフォーム及びハイボリウムサンプラーを用いて、毎分500〜1000リットルの吸引量とすること。

6 ダイオキシン類の毒性等量の算出方法

ダイオキシン類の毒性等量は、各異性体の濃度に毒性等価係数（ダイオキシン類対策特別措置法施行規則第3条別表第3）を乗じて算出し、それらを合計して算出する。このとき定量下限値、検出下限値との関係においては次のとおり取り扱うこと。

(1) 定量下限値以上の値と定量下限値未満で検出下限値以上の値は、そのまま使用すること。

(2) 検出下限値未満のものは、検出下限値の2分の1の値を用いること。

7 D値の算出及びD値を用いたダイオキシン類濃度の推定

日常におけるダイオキシン類濃度の推定は、粉じんに吸着しているダイオキシン類の含有率を算出し、空気中の総粉じんの濃度にその含有率を乗じてダイオキシン類の濃度を推定するため、次によりD値を求め、その値を2回目以降の測定に使用してもよい。ただし、作業場の施設、設備、作業工程又は作業方法について大幅な変更を行った場合は、改めて併行測定を行いD値を再度求めること。

(1) D値の算出について

4の(1)及び(2)の方法で測定した「空気中の総粉じんの濃度」及び「空気中のダイオキシン類の濃度」を用いて次の式からD値を求めること。

$$\text{D値} = \frac{\text{空気中のダイオキシン類の濃度（pg-TEQ/m}^3\text{）}}{\text{空気中の総粉じんの濃度（mg/m}^3\text{）又は（cpm）}}$$

（ただし、屋内の場合 温度25℃ 1気圧

屋外の場合 温度20℃ 1気圧）

空気中のダイオキシン類濃度（pg-TEQ/m^3）＝ろ紙上の粉じん中のダイオキシン類濃度（pg-TEQ/m^3）＋ウレタンフォームに捕集されたガス状物質及び微細粒子中のダイオキシン類濃度（pg-TEQ/m^3）

(2) D値を用いた空気中のダイオキシン類濃度の推定

各測定点の空気中のダイオキシン類濃度は、D値を用いて次式により空気中の総粉じん濃度を用いて評価することができること。

　　空気中のダイオキシン類濃度（pg-TEQ/m^3）

　　＝D値×空気中の総粉じん濃度（mg/m^3）又は（cpm）

⑶　ダイオキシン類濃度が低いと思われる焼却炉の特例

　　以下アからウの条件で満たす焼却炉は、別途示す通知に基づき、4の⑵のア又はイの方法を用いて、1回目から空気中の総粉じん濃度を測定し、当該通知に示される標準的なD値をもとにダイオキシン類濃度を測定しても差し支えないこと。

ア　ダイオキシン類特別措置法第28条に定めるばいじん及び焼却灰その他の燃え殻のダイオキシン類の測定結果が3000（pg-TEQ/g-dry）より低いこと。

イ　屋外に設置された焼却炉であること。

ウ　単一種類の物を焼却する専用の焼却炉であること。

別紙2

作業環境評価基準に準じた管理区域の決定方法

1　作業場が屋内の場合

　空気中のダイオキシン類濃度測定の結果を評価し、単位作業場所を第1管理区域から第3管理区域までに区分すること。なお、第1評価値及び第2評価値とは、作業環境評価基準第3条に準じて計算した評価値をいうものであること。

　(1)　第1管理区域

　　　第1評価値及びB測定に準じた測定の測定値（2以上の測定点においてB測定に準じた測定を実施した場合には、そのうちの最大値。1の(2)及び(3)において同じ。）が管理すべき濃度基準に満たない場合

　(2)　第2管理区域

　　　第2評価値が管理すべき濃度基準以下であり、かつ、B測定に準じた測定の測定値が管理すべき濃度基準の1.5倍以下である場合（第1管理区域に該当する場合を除く。）

　(3)　第3管理区域

　　　第2評価値が管理すべき濃度基準を超える場合又はB測定に準じた測定の測定値が管理すべき濃度基準の1.5倍を超える場合

2　作業場が屋外の場合

　空気中のダイオキシン類濃度測定の結果を評価し、作業場所を粉じん発生源に近接する場所ごとに第1管理区域から第3管理区域に区分することにより行うこと。

　(1)　第1管理区域

　　　測定値が管理すべき濃度基準に満たない場合

　(2)　第2管理区域

　　　測定値が管理すべき濃度基準以上であり、かつ、管理すべき濃度基準の1.5倍以下である場合

　(3)　第3管理区域

　　　測定値が管理すべき濃度基準の1.5倍を超える場合

別紙3

保護具の区分

1　レベル1

　　呼吸用保護具　　　　　防じんマスク又は電動ファン付き呼吸用保護具
　　作業着等　　　　　　　粉じんの付着しにくい作業着、保護手袋等
　　安全靴
　　保護帽（ヘルメット）
　　保護衣、保護靴、安全帯、耐熱服、溶接用保護メガネ等は作業内容に応じて適宜使用すること。

　　呼吸用保護具は、解体作業及び残留灰を除去する作業においては、電動ファン付き呼吸用保護具の使用が望ましいこと。

　　なお、防じんマスクは、①型式検定合格品であり、②取替え式であり、かつ③粒子捕集効率が99.9％以上（区分RL3又はRS3）のものを使用すること。また、電動ファン付き呼吸用保護具は、①型式検定合格品であり、②大風量形であり、かつ③粒子捕集効率が99.97％以上（区分PS3又はPL3）のものを使用すること。

2　レベル2

　　呼吸用保護具　　　　　防じん機能を有する防毒マスク又はそれと同等以上の性能を有する呼吸用保護具
　　保護衣　　　　　　　　浮遊固体粉じん防護用密閉服（JIS T 8115タイプ5）で耐水圧1000㎜以上を目安とすること。ただし、直接水にぬれる作業については、スプレー防護用密閉服（JIS T 8115タイプ4）で耐水圧2000㎜以上を目安とすること。
　　保護手袋　　　　　　　化学防護手袋（JIS T 8116）
　　安全靴または保護靴
　　作業着等　　　　　　　長袖作業着（又は長袖下着）、長ズボン、ソックス、手袋等（これらの作業着等は、綿製が望ましい。）
　　保護帽（ヘルメット）
　　保護靴、安全帯、耐熱服、溶接用保護メガネ等は作業内容に応じて適宜使用すること。

　　なお、防じん機能を有する防毒マスクは、①型式検定合格品であり、②取替え式

であり、③粒子捕集効率が99.9％以上（区分L 3 又はS 3 ）であり、かつ④有機ガス用のものを使用すること。

3　レベル 3

呼吸用保護具　　　　　プレッシャデマンド形エアラインマスク（JIS T 8153）又はプレッシャデマンド形空気呼吸器（JIS T 8155）（面体は全面形面体）

保護衣　　　　　　　　浮遊固体粉じん防護用密閉服（JIS T 8115タイプ 5 ）で耐水圧1000㎜以上を目安とすること。ただし、直接水にぬれる作業については、スプレー防護用密閉服（JIS T 8115タイプ 4 ）で耐水圧2000㎜以上を目安とすること。

保護手袋　　　　　　　化学防護手袋（JIS T 8116）
保護靴　　　　　　　　化学防護長靴（JIS T 8117）
作業着等　　　　　　　長袖作業着（又は長袖下着）、長ズボン、ソックス、手袋等（これらの作業着等は、綿製が望ましい。）

保護帽（ヘルメット）
安全帯、耐熱服、溶接用保護メガネ等は作業内容に応じて適宜使用すること。

4　レベル 4

保護衣　　　　　　　　送気形気密服（JIS T 8115タイプ 1 c）、自給式呼吸器内装形気密服（JIS T 8115タイプ 1 a）、及び自給式呼吸器外装形気密服（JIS T 8115タイプ 1 b）

保護手袋　　　　　　　化学防護手袋（JIS T 8116）
保護靴　　　　　　　　化学防護長靴（JIS T 8117）
作業着等　　　　　　　長袖作業着（又は長袖下着）、長ズボン、ソックス、手袋等（これらの作業着等は、綿製が望ましい。）

保護帽（ヘルメット）
安全帯、耐熱服、溶接用保護メガネ等は作業内容に応じて適宜使用すること。

別紙4

運転、点検等作業における空気中のダイオキシン類濃度の測定結果による保護具の選定

運転、点検等作業が行われる作業場における空気中のダイオキシン類濃度の測定（6月以内ごと）

	第1評価値＜2.5pg-TEQ/㎥	第2評価値≦2.5pg-TEQ/㎥≦第1評価値	第2評価値＞2.5pg-TEQ/㎥
B測定値＜2.5pg-TEQ/㎥	第1管理区域	第2管理区域	第3管理区域
2.5pg-TEQ/㎥≦B測定値≦3.75pg-TEQ/㎥	第2管理区域	第2管理区域	第3管理区域
3.75pg-TEQ/㎥＜B測定値	第3管理区域	第3管理区域	第3管理区域

測定値＜2.5pg-TEQ/㎥	第1管理区域
2.5pg-TEQ/㎥≦測定値≦3.75pg-TEQ/㎥	第2管理区域
3.75pg-TEQ/㎥＜測定値	第3管理区域

第2管理区域及び第3管理区域については、焼却灰等の粉じん、ガス状ダイオキシン類の防止対策（第3の2の(2)のエ）

作業の種類		保護具の区分
炉等内における灰出し、清掃、保守点検等の作業		レベル2（ただし第3管理区域であればレベル3）
炉等外における焼却灰の運搬、飛灰の固化、清掃、運転、保守点検、作業の支援、監視等の業務	1pg-TEQ/㎥＜ガス体の測定値	レベル2（ただし第3管理区域であればレベル3）
	ガス体の測定値＜1pg-TEQ/㎥	レベル1

別紙5

解体作業における焼却施設の測定結果等による保護具の選定

・解体作業が行われる場所の空気中のダイオキシン類濃度の測定結果
（第3の3の(4)のア）

	第1評価値＜2.5pg-TEQ/㎥	第2評価値≦2.5pg-TEQ/㎥≦第1評価値	第2評価値＞2.5pg-TEQ/㎥
B測定値＜2.5pg-TEQ/㎥	第1管理区域	第2管理区域	第3管理区域
2.5pg-TEQ/㎥≦B測定値≦3.75pg-TEQ/㎥	第2管理区域	第2管理区域	第3管理区域
3.75pg-TEQ/㎥＜B測定値	第3管理区域	第3管理区域	第3管理区域

・設備に付着する汚染物のサンプリング調査（第3の3の(4)のイの(イ)のa～hの対象設備）

・3000pg-TEQ/g＜サンプリング調査結果（d）

・追加サンプリング（第3の3の(4)のイの(ウ)）

汚染除去・解体作業中、デジタル粉じん計により連続した粉じん濃度測定等を行わない計画の場合	汚染除去・解体作業中、デジタル粉じん計により連続した粉じん濃度測定等を行う計画の場合
汚染物のサンプリング調査結果d(pg-TEQ/g)に基づき、保護具選定に係る管理区域を決定する	過去の作業事例等から予想される粉じん濃度(g/㎥)に汚染物のサンプリング調査結果d(pg-TEQ/g)を乗じた値S(pg-TEQ/㎥)に基づき、保護具選定に係る管理区域を決定する場合には、予想される粉じん濃度の算定根拠を示すこと

	上表の第1管理区域	上表の第2管理区域	上表の第3管理区域
d＜3000pg-TEQ/g	保護具選定に係る第1管理区域	保護具選定に係る第2管理区域	保護具選定に係る第3管理区域
3000≦d＜4500pg-TEQ/g	保護具選定に係る第2管理区域	保護具選定に係る第2管理区域	保護具選定に係る第3管理区域
4500pg-TEQ/g≦d	保護具選定に係る第3管理区域	保護具選定に係る第3管理区域	保護具選定に係る第3管理区域

	上表の第1管理区域	上表の第2管理区域	上表の第3管理区域
S＜2.5pg-TEQ/㎥	保護具選定に係る第1管理区域	保護具選定に係る第2管理区域	保護具選定に係る第3管理区域
2.5pg-TEQ/㎥≦S＜3.75pg-TEQ/㎥	保護具選定に係る第2管理区域	保護具選定に係る第2管理区域	保護具選定に係る第3管理区域
3.75pg-TEQ/㎥≦S	保護具選定に係る第3管理区域	保護具選定に係る第3管理区域	保護具選定に係る第3管理区域

・ガス状ダイオキシン類の発生するおそれのある作業
・解体対象設備のダイオキシン類汚染状況が不明
保護具選定に係る第3管理区域

・ガス状ダイオキシン類の発生するおそれのある作業
・解体対象設備のダイオキシン類汚染状況が不明
保護具選定に係る第3管理区域

保護具選定に係る第1管理区域	レベル1
保護具選定に係る第2管理区域	レベル2
保護具選定に係る第3管理区域	レベル3
保護具選定に係る汚染状況が判明しない	レベル3
高濃度汚染物(3000pg-TEQ/g＜d)を常時直接取り扱う	レベル4

別紙6

解体方法の決定

1　解体作業第1管理区域内での解体作業

（1）　解体作業第1管理区域

次のいずれかを満たす場合を解体作業第1管理区域とする。

ア　汚染物サンプリング調査の結果 d <3000（pg-TEQ/g-dry）（連続して粉じん濃度測定を行う場合、S<2.5（pg-TEQ/m^3））の場合

イ　汚染物サンプリング調査の結果 d <4500（pg-TEQ/g-dry）（連続して粉じん濃度測定を行う場合、S<3.75（pg-TEQ/m^3））で、構造物の材料見本（使用前のもの）等と比べ客観的に付着物除去がほぼ完全に行われている場合

（2）　解体作業第1管理区域で選択できる解体方法及び使用機材

ア　手作業による解体：手持ち電動工具等

イ　油圧式圧砕、せん断による工法：圧砕機、鉄骨切断機等

ウ　機械的研削による工法：カッタ、ワイヤソー、コアドリル

エ　機械的衝撃による工法：ハンドブレーカ、削孔機、大型ブレーカ等

オ　膨張圧力、孔の拡大による工法：静的破砕剤、油圧孔拡大機

カ　その他の工法：ウォータジェット、アブレッシブジェット、冷却して解体する工法等その他粉じんやガス体を飛散させないための新しい工法

キ　溶断による工法：ガス切断機等

　　なお、溶断による工法を選択する際には、4に示す措置を講じること。（ただし、金属部材（汚染物の完全な除去が可能な形状のものに限る。）であって、汚染物の完全な除去を行ったものについては、4の(5)の措置に代えて同一管理区域内の労働者にレベル1の保護具（呼吸用保護具はレベル2）を使用させることができること。）

2　解体作業第2管理区域内での解体作業

（1）　解体作業第2管理区域

次のいずれかを満たす場合を解体作業第2管理区域とする。

ア　汚染物サンプリング調査の結果3000（pg-TEQ/g-dry）≦ d <4500（pg-TEQ/g-dry）（連続して粉じん濃度測定を行う場合は、2.5（pg-TEQ/m^3）≦ S <3.75（pg-TEQ/m^3））の場合

イ　汚染状況の把握は困難であるものの、周囲の設備の汚染状況から見てダイオキシン類で汚染されている可能性が低い径の小さいパイプ等
(2)　解体作業第2管理区域で選択できる解体方法
　　1の(2)のアからカに掲げる方法

3　解体作業第3管理区域内での解体作業
(1)　解体作業第3管理区域
　　次のいずれかを満たす場合を解体作業第3管理区域とする。
ア　汚染物サンプリング調査結果、4500（pg-TEQ/g-dry）≦ d（連続して粉じん濃度測定を行う場合、3.75（pg-TEQ/m^3）≦ S）で、付着物除去を完全に行うことが困難な場合
イ　ダイオキシン類による汚染の状態が測定困難又は不明な場合
ウ　汚染状況の把握は困難であり、周囲の設備の汚染状況から見てダイオキシン類で汚染されている可能性があるパイプ等構造物
(2)　解体作業第3管理区域で選択できる解体方法及び使用機材
　　1の(2)のア及びイ。なお、解体物の構造上汚染除去がそれ以上実施できない場合であって、遠隔操作、密閉化、冷却化又は粉じんの飛散やガス状物質を発生させないその他の解体方法を選択する場合は、その解体方法を用いても差し支えない。

4　解体作業第2管理区域及び解体作業第3管理区域で溶断によらない解体方法が著しく困難な場合の特例
　　事前サンプリングの結果、対象設備が解体作業第2管理区域又は解体作業第3管理区域に分類された場合で、溶断によらない解体方法が著しく困難な場合は、以下に掲げる必要な措置を講じたうえで溶断による解体を行うこと。
　　なお、パイプ類及び煙道設備等筒状の構造物等を溶断する場合は内部の空気を吸引・減圧した状態で、外部から作業を行うこと。
(1)　溶断対象箇所及びその周辺で伝熱等により加熱が予想される部分に汚染がないことを確認すること（この場合解体部分の汚染状況を写真等により記録すること。）
(2)　溶断作業を行う作業場所をシート等により養生し、養生された内部の空気が外部に漏れないように密閉・区分すること。また、溶断作業中、当該作業を行う労働者以外の立ち入りを禁止する措置を講じること。

⑶　作業場所の内部を、移動型局所排気装置を用いて換気するとともに外部に対して負圧に保つこと。

⑷　移動型局所排気装置の排気をHEPAフィルター及びチャコールフィルターにより適切に処理すること。

⑸　溶断作業を行っている間、同一管理区域内の労働者にレベル3の保護具を使用させること。

6 防じんマスクの選択、使用等について （平成17年2月7日　基発第0207006号）

（最終改正　令和3年1月26日　基発0126第2号）

（前文省略）

記

第1 事業者が留意する事項

1 全体的な留意事項

　事業者は、防じんマスクの選択、使用等に当たって、次に掲げる事項について特に留意すること。

(1) 事業者は、衛生管理者、作業主任者等の労働衛生に関する知識及び経験を有する者のうちから、各作業場ごとに防じんマスクを管理する保護具着用管理責任者を指名し、防じんマスクの適正な選択、着用及び取扱方法について必要な指導を行わせるとともに、防じんマスクの適正な保守管理に当たらせること。

(2) 事業者は、作業に適した防じんマスクを選択し、防じんマスクを着用する労働者に対し、当該防じんマスクの取扱説明書、ガイドブック、パンフレット等（以下「取扱説明書等」という。）に基づき、防じんマスクの適正な装着方法、使用方法及び顔面と面体の密着性の確認方法について十分な教育や訓練を行うこと。

2 防じんマスクの選択に当たっての留意事項

　防じんマスクの選択に当たっては、次の事項に留意すること。

(1) 防じんマスクは、機械等検定規則（昭和47年労働省令第45号）第14条の規定に基づき面体、ろ過材及び吸気補助具が分離できる吸気補助具付き防じんマスクの吸気補助具ごと（使い捨て式防じんマスクにあっては面体ごと）に付されている型式検定合格標章により型式検定合格品であることを確認すること。なお、吸気補助具付き防じんマスクについては、機械等検定規則（昭和47年労働省令第45号）に定める型式検定合格標章に「補」が記載されていることに留意すること。

　　また、型式検定合格標章において、型式検定合格番号の同一のものが適切な組合せであり、当該組合せで使用して初めて型式検定に合格した防じんマスクとして有効に機能するものであることに留意すること。

(2) 労働安全衛生規則（昭和47年労働省令第32号。以下「安衛則」という。）第592条の5、鉛中毒予防規則（昭和47年労働省令第37号。以下「鉛則」とい

う。）第58条、特定化学物質等障害予防規則（昭和47年労働省令第39号。以下「特化則」という。）第43条、電離放射線障害防止規則（昭和47年労働省令第41号。以下「電離則」という。）第38条及び粉じん障害防止規則（昭和54年労働省令第18号。以下「粉じん則」という。）第27条のほか労働安全衛生法令に定める呼吸用保護具のうち防じんマスクについては、粉じん等の種類及び作業内容に応じ、別紙の表に示す防じんマスクの規格第1条第3項に定める性能を有するものであること。

(3)　次の事項について留意の上、防じんマスクの性能が記載されている取扱説明書等を参考に、それぞれの作業に適した防じんマスクを選ぶこと。

ア　粉じん等の種類及び作業内容の区分並びにオイルミスト等の混在の有無の区分のうち、複数の性能の防じんマスクを使用させることが可能な区分であっても、作業環境中の粉じん等の種類、作業内容、粉じん等の発散状況、作業時のばく露の危険性の程度等を考慮した上で、適切な区分の防じんマスクを選ぶこと。高濃度ばく露のおそれがあると認められるときは、できるだけ粉じん捕集効率が高く、かつ、排気弁の動的漏れ率が低いものを選ぶこと。さらに、顔面とマスクの面体の高い密着性が要求される有害性の高い物質を取り扱う作業については、取替え式の防じんマスクを選ぶこと。

イ　粉じん等の種類及び作業内容の区分並びにオイルミスト等の混在の有無の区分のうち、複数の性能の防じんマスクを使用させることが可能な区分については、作業内容、作業強度等を考慮し、防じんマスクの重量、吸気抵抗、排気抵抗等が当該作業に適したものを選ぶこと。具体的には、吸気抵抗及び排気抵抗が低いほど呼吸が楽にできることから、作業強度が強い場合にあっては、吸気抵抗及び排気抵抗ができるだけ低いものを選ぶこと。

ウ　ろ過材を有効に使用することのできる時間は、作業環境中の粉じん等の種類、粒径、発散状況及び濃度に影響を受けるため、これらの要因を考慮して選択すること。

　吸気抵抗上昇値が高いものほど目詰まりが早く、より短時間で息苦しくなることから、有効に使用することのできる時間は短くなること。

　また、防じんマスクは一般に粉じん等を捕集するに従って吸気抵抗が高くなるが、RS1、RS2、RS3、DS1、DS2又はDS3の防じんマスクでは、オイルミスト等が堆積した場合に吸気抵抗が変化せずに急激に粒子捕集効率が低下するもの、また、RL1、RL2、RL3、DL1、DL2又はDL3の防じんマスクでも多量のオイルミスト等の堆積により粒子捕集効率が低下するものがあるの

で、吸気抵抗の上昇のみを使用限度の判断基準にしないこと。

(4) 防じんマスクの顔面への密着性の確認

粒子捕集効率の高い防じんマスクであっても、着用者の顔面と防じんマスクの面体との密着が十分でなく漏れがあると、粉じんの吸入を防ぐ効果が低下するため、防じんマスクの面体は、着用者の顔面に合った形状及び寸法の接顔部を有するものを選択すること。特に、ろ過材の粒子捕集効率が高くなるほど、粉じんの吸入を防ぐ効果を上げるためには、密着性を確保する必要があること。そのため、以下の方法又はこれと同等以上の方法により、各着用者に顔面への密着性の良否を確認させること。

なお、大気中の粉じん、塩化ナトリウムエアロゾル、サッカリンエアロゾル等を用いて密着性の良否を確認する機器もあるので、これらを可能な限り利用し、良好な密着性を確保すること。

ア 取替え式防じんマスクの場合

作業時に着用する場合と同じように、防じんマスクを着用させる。なお、保護帽、保護眼鏡等の着用が必要な作業にあっては、保護帽、保護眼鏡等も同時に着用させる。その後、いずれかの方法により密着性を確認させること。

（ア） 陰圧法

防じんマスクの面体を顔面に押しつけないように、フィットチェッカー等を用いて吸気口をふさぐ。息を吸って、防じんマスクの面体と顔面との隙間から空気が面体内に漏れ込まず、面体が顔面に吸いつけられるかどうかを確認する。

（イ） 陽圧法

防じんマスクの面体を顔面に押しつけないように、フィットチェッカー等を用いて排気口をふさぐ。息を吐いて、空気が面体内から流出せず、面体内に呼気が滞留することによって面体が膨張するかどうかを確認する。

イ 使い捨て式防じんマスクの場合

使い捨て式防じんマスクの取扱説明書等に記載されている漏れ率のデータを参考とし、個々の着用者に合った大きさ、形状のものを選択すること。

3 防じんマスクの使用に当たっての留意事項

防じんマスクの使用に当たっては、次の事項に留意すること。

(1) 防じんマスクは、酸素濃度18％未満の場所では使用してはならないこと。こ

のような場所では給気式呼吸用保護具を使用させること。

　また、防じんマスク（防臭の機能を有しているものを含む。）は、有害なガスが存在する場所においては使用させてはならないこと。このような場所では防毒マスク又は給気式呼吸用保護具を使用させること。

⑵　防じんマスクを適正に使用するため、防じんマスクを着用する前には、その都度、着用者に次の事項について点検を行わせること。

　ア　吸気弁、面体、排気弁、しめひも等に破損、亀裂又は著しい変形がないこと。

　イ　吸気弁、排気弁及び弁座に粉じん等が付着していないこと。

　　なお、排気弁に粉じん等が付着している場合には、相当の漏れ込みが考えられるので、陰圧法により密着性、排気弁の気密性等を十分に確認すること。

　ウ　吸気弁及び排気弁が弁座に適切に固定され、排気弁の気密性が保たれていること。

　エ　ろ過材が適切に取り付けられていること。

　オ　ろ過材が破損したり、穴が開いていないこと。

　カ　ろ過材から異臭が出ていないこと。

　キ　予備の防じんマスク及びろ過材を用意していること。

⑶　防じんマスクを適正に使用させるため、顔面と面体の接顔部の位置、しめひもの位置及び締め方等を適切にさせること。また、しめひもについては、耳にかけることなく、後頭部において固定させること。

⑷　着用後、防じんマスクの内部への空気の漏れ込みがないことをフィットチェッカー等を用いて確認させること。

　　なお、取替え式防じんマスクに係る密着性の確認方法は、上記2の⑷のアに記載したいずれかの方法によること。

⑸　次のような防じんマスクの着用は、粉じん等が面体の接顔部から面体内へ漏れ込むおそれがあるため、行わせないこと。

　ア　タオル等を当てた上から防じんマスクを使用すること。

　イ　面体の接顔部に「接顔メリヤス」等を使用すること。ただし、防じんマスクの着用により皮膚に湿しん等を起こすおそれがある場合で、かつ、面体と顔面との密着性が良好であるときは、この限りでないこと。

　ウ　着用者のひげ、もみあげ、前髪等が面体の接顔部と顔面の間に入り込んだり、排気弁の作動を妨害するような状態で防じんマスクを使用すること。

(6)　防じんマスクの使用中に息苦しさを感じた場合には、ろ過材を交換すること。

　　なお、使い捨て式防じんマスクにあっては、当該マスクに表示されている使用限度時間に達した場合又は使用限度時間内であっても、息苦しさを感じたり、著しい型くずれを生じた場合には廃棄すること。

4　防じんマスクの保守管理上の留意事項

　　防じんマスクの保守管理に当たっては、次の事項に留意すること。

(1)　予備の防じんマスク、ろ過材その他の部品を常時備え付け、適時交換して使用できるようにすること。

(2)　防じんマスクを常に有効かつ清潔に保持するため、使用後は粉じん等及び湿気の少ない場所で、吸気弁、面体、排気弁、しめひも等の破損、亀裂、変形等の状況及びろ過材の固定不良、破損等の状況を点検するとともに、防じんマスクの各部について次の方法により手入れを行うこと。ただし、取扱説明書等に特別な手入れ方法が記載されている場合は、その方法に従うこと。

　ア　吸気弁、面体、排気弁、しめひも等については、乾燥した布片又は軽く水で湿らせた布片で、付着した粉じん、汗等を取り除くこと。

　　　また、汚れの著しいときは、ろ過材を取り外した上で面体を中性洗剤等により水洗すること。

　イ　ろ過材については、よく乾燥させ、ろ過材上に付着した粉じん等が飛散しない程度に軽くたたいて粉じん等を払い落すこと。

　　　ただし、ひ素、クロム等の有害性が高い粉じん等に対して使用したろ過材については、1回使用するごとに廃棄すること。

　　　なお、ろ過材上に付着した粉じん等を圧搾空気等で吹き飛ばしたり、ろ過材を強くたたくなどの方法によるろ過材の手入れは、ろ過材を破損させるほか、粉じん等を再飛散させることとなるので行わないこと。

　　　また、ろ過材には水洗して再使用できるものと、水洗すると性能が低下したり破損したりするものがあるので、取扱説明書等の記載内容を確認し、水洗が可能な旨の記載のあるもの以外は水洗してはならないこと。

　ウ　取扱説明書等に記載されている防じんマスクの性能は、ろ過材が新品の場合のものであり、一度使用したろ過材を手入れして再使用（水洗して再使用することを含む。）する場合は、新品時より粒子捕集効率が低下していないこと及び吸気抵抗が上昇していないことを確認して使用すること。

(3)　次のいずれかに該当する場合には、防じんマスクの部品を交換し、又は防じ

んマスクを廃棄すること。

　ア　ろ過材について、破損した場合、穴が開いた場合又は著しい変形を生じた場合

　イ　吸気弁、面体、排気弁等について、破損、亀裂若しくは著しい変形を生じた場合又は粘着性が認められた場合

　ウ　しめひもについて、破損した場合又は弾性が失われ、伸縮不良の状態が認められた場合

　エ　使い捨て式防じんマスクにあっては、使用限度時間に達した場合又は使用限度時間内であっても、作業に支障をきたすような息苦しさを感じたり著しい型くずれを生じた場合

⑷　点検後、直射日光の当たらない、湿気の少ない清潔な場所に専用の保管場所を設け、管理状況が容易に確認できるように保管すること。なお、保管に当たっては、積み重ね、折り曲げ等により面体、連結管、しめひも等について、亀裂、変形等の異常を生じないようにすること。

⑸　使用済みのろ過材及び使い捨て式防じんマスクは、付着した粉じん等が再飛散しないように容器又は袋に詰めた状態で廃棄すること。

第2　製造者等が留意する事項

　防じんマスクの製造者等は、次の事項を実施するよう努めること。

1　防じんマスクの販売に際し、事業者等に対し、防じんマスクの選択、使用等に関する情報の提供及びその具体的な指導をすること。

2　防じんマスクの選択、使用等について、不適切な状態を把握した場合には、これを是正するように、事業者等に対し、指導すること。

別紙

粉じん等の種類及び作業内容	防じんマスクの性能の区分
○　安衛則第592条の5 　　廃棄物の焼却施設に係る作業で、ダイオキシン類の粉じんのばく露のおそれのある作業において使用する防じんマスク	
・オイルミスト等が混在しない場合	RS3、RL3
・オイルミスト等が混在する場合	RL3
○　電離則第38条 　　放射性物質がこぼれたとき等による汚染のおそれがある区域内の作業又は緊急作業において使用する防じんマスク	
・オイルミスト等が混在しない場合	RS3、RL3
・オイルミスト等が混在する場合	RL3
○　鉛則第58条、特化則第43条及び粉じん則第27条 　　金属のヒューム（溶接ヒュームを含む。）を発散する場所における作業において使用する防じんマスク	
・オイルミスト等が混在しない場合	RS2、RS3、DS2、DS3 RL2、RL3、DL2、DL3
・オイルミスト等が混在する場合	RL2、RL3、DL2、DL3
○　鉛則第58条及び特化則第43条 　　管理濃度が0.1mg/m³以下の物質の粉じんを発散する場所における作業において使用する防じんマスク	
・オイルミスト等が混在しない場合	RS2、RS3、DS2、DS3 RL2、RL3、DL2、DL3
・オイルミスト等が混在する場合	RL2、RL3、DL2、DL3
○　上記以外の粉じん作業	
・オイルミスト等が混在しない場合	RS1、RS2、RS3 DS1、DS2、DS3 RL1、RL2、RL3 DL1、DL2、DL3
・オイルミスト等が混在する場合	RL1、RL2、RL3 DL1、DL2、DL3

7　防毒マスクの選択、使用等について（平成17年2月7日　基発第0207007号）

（最終改正　平成30年4月26日　基発0426第5号）

（前文省略）

記

第1　事業者が留意する事項

1　全体的な留意事項

　事業者は防毒マスクの選択、使用等に当たって、次に掲げる事項について特に留意すること。

（1）　事業者は、衛生管理者、作業主任者等の労働衛生に関する知識及び経験を有する者のうちから、各作業場ごとに防毒マスクを管理する保護具着用管理責任者を指名し、防毒マスクの適正な選択、着用及び取扱方法について必要な指導を行わせるとともに、防毒マスクの適正な保守管理に当たらせること。

（2）　事業者は、作業に適した防毒マスクを選択し、防毒マスクを着用する労働者に対し、当該防毒マスクの取扱説明書、ガイドブック、パンフレット等（以下「取扱説明書等」という。）に基づき、防毒マスクの適正な装着方法、使用方法及び顔面と面体の密着性の確認方法について十分な教育や訓練を行うこと。

2　防毒マスクの選択に当たっての留意事項

　防毒マスクの選択に当たっては、次の事項に留意すること。

（1）　防毒マスクは、機械等検定規則（昭和47年労働省令第45号）第14条の規定に基づき吸収缶（ハロゲンガス用、有機ガス用、一酸化炭素用、アンモニア用及び亜硫酸ガス用のものに限る。）及び面体ごとに付されている型式検定合格標章により、型式検定合格品であることを確認すること。

（2）　次の事項について留意の上、防毒マスクの性能が記載されている取扱説明書等を参考に、それぞれの作業に適した防毒マスクを選ぶこと。

　　ア　作業内容、作業強度等を考慮し、防毒マスクの重量、吸気抵抗、排気抵抗等が当該作業に適したものを選ぶこと。具体的には、吸気抵抗及び排気抵抗が低いほど呼吸が楽にできることから、作業強度が強い場合にあっては、吸気抵抗及び排気抵抗ができるだけ低いものを選ぶこと。

　　イ　作業環境中の有害物質（防毒マスクの規格第1条の表下欄に掲げる有害物質をいう。以下同じ。）の種類、濃度及び粉じん等の有無に応じて、面体及び吸収缶の種類を選ぶこと。その際、次の事項について留意すること。

（ア）　作業環境中の有害物質の種類、発散状況、濃度、作業時のばく露の危険性の程度を着用者に理解させること。

（イ）　作業環境中の有害物質の濃度に対して除毒能力に十分な余裕のあるものであること。

なお、除毒能力の高低の判断方法としては、防毒マスク及び防毒マスク用吸収缶に添付されている破過曲線図から、一定のガス濃度に対する破過時間（吸収缶が除毒能力を喪失するまでの時間）の長短を比較する方法があること。

例えば、次の図に示す吸収缶A及び同Bの破過曲線図では、ガス濃度１％の場合を比べると、破過時間はAが30分、Bが55分となり、Aに比べてBの除毒能力が高いことがわかること。

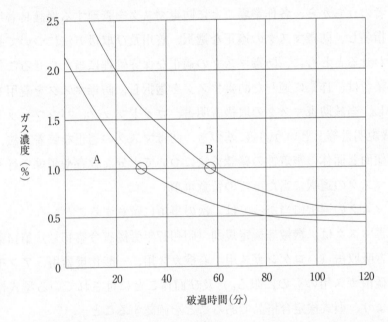

（ウ）　有機ガス用防毒マスクの吸収缶は、有機ガスの種類により防毒マスクの規格第７条に規定される除毒能力試験の試験用ガスと異なる破過時間を示す場合があること。

特に、メタノール、ジクロルメタン、二硫化炭素、アセトン等については、試験用ガスに比べて破過時間が著しく短くなるので注意すること。

（エ）　使用する環境の温度又は湿度によっては、吸収缶の破過時間が短くなる場合があること。

有機ガス用防毒マスクの吸収缶は、使用する環境の温度又は湿度が高

いほど破過時間が短くなる傾向があり、沸点の低い物質ほど、その傾向が顕著であること。また、一酸化炭素用防毒マスクの吸収缶は、使用する環境の湿度が高いほど破過時間が短くなる傾向にあること。

（オ）　防毒マスクの吸収缶の破過時間を推定する必要があるときには、当該吸収缶の製造者等に照会すること。

（カ）　ガス又は蒸気状の有害物質が粉じん等と混在している作業環境中では、粉じん等を捕集する防じん機能を有する防毒マスクを選択すること。その際、次の事項について留意すること。

（i）　防じん機能を有する防毒マスクの吸収缶は、作業環境中の粉じん等の種類、発散状況、作業時のばく露の危険性の程度等を考慮した上で、適切な区分のものを選ぶこと。なお、作業環境中に粉じん等に混じってオイルミスト等が存在する場合にあっては、液体の試験粒子を用いた粒子捕集効率試験に合格した吸収缶（L1，L2及びL3）を選ぶこと。また、粒子捕集効率が高いほど、粉じん等をよく捕集できること。

（ii）　吸収缶の破過時間に加え、捕集する作業環境中の粉じん等の種類、粒径、発散状況及び濃度が使用限度時間に影響するので、これらの要因を考慮して選択すること。なお、防じん機能を有する防毒マスクの吸収缶の取扱説明書等には、吸気抵抗上昇値が記載されているが、これが高いものほど目詰まりが早く、より短時間で息苦しくなることから、使用限度時間は短くなること。

（iii）　防じん機能を有する防毒マスクの吸収缶のろ過材は、一般に粉じん等を捕集するに従って吸気抵抗が高くなるが、S1、S2又はS3のろ過材では、オイルミスト等が堆積した場合に吸気抵抗が変化せずに急激に粒子捕集効率が低下するもの、また、L1、L2又はL3のろ過材でも多量のオイルミスト等の堆積により粒子捕集効率が低下するものがあるので、吸気抵抗の上昇のみを使用限度の判断基準にしないこと。

（キ）　2種類以上の有害物質が混在する作業環境中で防毒マスクを使用する場合には次によること。

（i）　作業環境中に混在する2種類以上の有害物質についてそれぞれ合格した吸収缶を選定すること。

（ii）　この場合の吸収缶の破過時間については、当該吸収缶の製造者等に照会すること。

(3) 防毒マスクの顔面への密着性の確認

　着用者の顔面と防毒マスクの面体との密着が十分でなく漏れがあると有害物質の吸入を防ぐ効果が低下するため、防毒マスクの面体は、着用者の顔面に合った形状及び寸法の接顔部を有するものを選択すること。そのため、以下の方法又はこれと同等以上の方法により、各着用者に顔面への密着性の良否を確認させること。

　まず、作業時に着用する場合と同じように、防毒マスクを着用させる。なお、保護帽、保護眼鏡等の着用が必要な作業にあっては、保護帽、保護眼鏡等も同時に着用させる。その後、いずれかの方法により密着性を確認させること。

　ア　陰圧法

　　防毒マスクの面体を顔面に押しつけないように、フィットチェッカー等を用いて吸気口をふさぐ。息を吸って、防毒マスクの面体と顔面との隙間から空気が面体内に漏れ込まず、面体が顔面に吸いつけられるかどうかを確認する。

　イ　陽圧法

　　防毒マスクの面体を顔面に押しつけないように、フィットチェッカー等を用いて排気口をふさぐ。息を吐いて、空気が面体内から流出せず、面体内に呼気が滞留することによって面体が膨張するかどうかを確認する。

3　防毒マスクの使用に当たっての留意事項

　防毒マスクの使用に当たっては、次の事項に留意すること。

(1) 防毒マスクは、酸素濃度18％未満の場所では使用してはならないこと。このような場所では給気式呼吸用保護具を使用させること。

(2) 防毒マスクを着用しての作業は、通常より呼吸器系等に負荷がかかることから、呼吸器系等に疾患がある者については、防毒マスクを着用しての作業が適当であるか否かについて、産業医等に確認すること。

(3) 防毒マスクを適正に使用するため、防毒マスクを着用する前には、その都度、着用者に次の事項について点検を行わせること。

　ア　吸気弁、面体、排気弁、しめひも等に破損、亀裂又は著しい変形がないこと。

　イ　吸気弁、排気弁及び弁座に粉じん等が付着していないこと。

　　なお、排気弁に粉じん等が付着している場合には、相当の漏れ込みが考えられるので、陰圧法により密着性、排気弁の気密性等を十分に確認するこ

と。

ウ　吸気弁及び排気弁が弁座に適切に固定され、排気弁の気密性が保たれていること。

エ　吸収缶が適切に取り付けられていること。

オ　吸収缶に水が侵入したり、破損又は変形していないこと。

カ　吸収缶から異臭が出ていないこと。

キ　ろ過材が分離できる吸収缶にあっては、ろ過材が適切に取り付けられていること。

ク　未使用の吸収缶にあっては、製造者が指定する保存期限を超えていないこと。また、包装が破損せず気密性が保たれていること。

ケ　予備の防毒マスク及び吸収缶を用意していること。

(4)　防毒マスクの使用時間について、当該防毒マスクの取扱説明書等及び破過曲線図、製造者等への照会結果等に基づいて、作業場所における空気中に存在する有害物質の濃度並びに作業場所における温度及び湿度に対して余裕のある使用限度時間をあらかじめ設定し、その設定時間を限度に防毒マスクを使用させること。

　　また、防毒マスク及び防毒マスク用吸収缶に添付されている使用時間記録カードには、使用した時間を必ず記録させ、使用限度時間を超えて使用させないこと。

　　なお、従来から行われているところの、防毒マスクの使用中に臭気等を感知した場合を使用限度時間の到来として吸収缶の交換時期とする方法は、有害物質の臭気等を感知できる濃度がばく露限界濃度より著しく小さい物質に限り行っても差し支えないこと。以下に例を掲げる。

　　アセトン（果実臭）

　　クレゾール（クレゾール臭）

　　酢酸イソブチル（エステル臭）

　　酢酸イソプロピル（果実臭）

　　酢酸エチル（マニュキュア臭）

　　酢酸ブチル（バナナ臭）

　　酢酸プロピル（エステル臭）

　　スチレン（甘い刺激臭）

　　１-ブタノール（アルコール臭）

　　２-ブタノール（アルコール臭）

メチルイソブチルケトン（甘い刺激臭）

メチルエチルケトン（甘い刺激臭）

(5) 防毒マスクの使用中に有害物質の臭気等を感知した場合は、直ちに着用状態の確認を行わせ、必要に応じて吸収缶を交換させること。

(6) 一度使用した吸収缶は、破過曲線図、使用時間記録カード等により、十分な除毒能力が残存していることを確認できるものについてのみ、再使用させて差し支えないこと。

ただし、メタノール、二硫化炭素等破過時間が試験用ガスの破過時間よりも著しく短い有害物質に対して使用した吸収缶は、吸収缶の吸収剤に吸着された有害物質が時間と共に吸収剤から微量ずつ脱着して面体側に漏れ出してくることがあるため、再使用させないこと。

(7) 防毒マスクを適正に使用させるため、顔面と面体の接顔部の位置、しめひもの位置及び締め方等を適切にさせること。また、しめひもについては、耳にかけることなく、後頭部において固定させること。

(8) 着用後、防毒マスクの内部への空気の漏れ込みがないことをフィットチェッカー等を用いて確認させること。

なお、密着性の確認方法は、上記2の(3)に記載したいずれかの方法によること。

(9) 次のような防毒マスクの着用は、有害物質が面体の接顔部から面体内へ漏れ込むおそれがあるため、行わせないこと。

ア　タオル等を当てた上から防毒マスクを使用すること。

イ　面体の接顔部に「接顔メリヤス」等を使用すること。

ウ　着用者のひげ、もみあげ、前髪等が面体の接顔部と顔面の間に入り込んだり、排気弁の作動を妨害するような状態で防毒マスクを使用すること。

(10) 防じんマスクの使用が義務付けられている業務であって防毒マスクの使用が必要な場合には、防じん機能を有する防毒マスクを使用させること。

また、吹付け塗装作業等のように、防じんマスクの使用の義務付けがない業務であっても、有機溶剤の蒸気と塗料の粒子等の粉じんとが混在している場合については、同様に、防じん機能を有する防毒マスクを使用させること。

4　防毒マスクの保守管理上の留意事項

防毒マスクの保守管理に当たっては、次の事項に留意すること。

(1) 予備の防毒マスク、吸収缶その他の部品を常時備え付け、適時交換して使用できるようにすること。

(2) 防毒マスクを常に有効かつ清潔に保持するため、使用後は有害物質及び湿気の少ない場所で、吸気弁、面体、排気弁、しめひも等の破損、亀裂、変形等の状況及び吸収缶の固定不良、破損等の状況を点検するとともに、防毒マスクの各部について次の方法により手入れを行うこと。ただし、取扱説明書等に特別な手入れ方法が記載されている場合は、その方法に従うこと。

ア 吸気弁、面体、排気弁、しめひも等については、乾燥した布片又は軽く水で湿らせた布片で、付着した有害物質、汗等を取り除くこと。

また、汚れの著しいときは、吸収缶を取り外した上で面体を中性洗剤等により水洗すること。

イ 吸収缶については、吸収缶に充填されている活性炭等は吸湿又は乾燥により能力が低下するものが多いため、使用直前まで開封しないこと。

また、使用後は上栓及び下栓を閉めて保管すること。栓がないものにあっては、密封できる容器又は袋に入れて保管すること。

(3) 次のいずれかに該当する場合には、防毒マスクの部品を交換し、又は防毒マスクを廃棄すること。

ア 吸収缶について、破損若しくは著しい変形が認められた場合又はあらかじめ設定した使用限度時間に達した場合

イ 吸気弁、面体、排気弁等について、破損、亀裂若しくは著しい変形を生じた場合又は粘着性が認められた場合

ウ しめひもについて、破損した場合又は弾性が失われ、伸縮不良の状態が認められた場合

(4) 点検後、直射日光の当たらない、湿気の少ない清潔な場所に専用の保管場所を設け、管理状況が容易に確認できるように保管すること。なお、保管に当たっては、積み重ね、折り曲げ等により面体、連結管、しめひも等について、亀裂、変形等の異常を生じないようにすること。

なお、一度使用した吸収缶を保管すると、一度吸着された有害物質が脱着すること等により、破過時間が破過曲線図によって推定した時間より著しく短くなる場合があるので注意すること。

(5) 使用済みの吸収缶の廃棄にあっては、吸収剤に吸着された有害物質が遊離し、又は吸収剤が吸収缶外に飛散しないように容器又は袋に詰めた状態で廃棄すること。

第2　製造者等が留意する事項

　　防毒マスクの製造者等は、次の事項を実施するよう努めること。

1　防毒マスクの販売に際し、事業者等に対し、防毒マスクの選択、使用等に関する情報の提供及びその具体的な指導をすること。

2　防毒マスクの選択、使用等について、不適切な状態を把握した場合には、これを是正するように、事業者等に対し、指導すること。

8　職場における熱中症予防基本対策要綱の策定について

（令和3年4月20日　基発0420第3号）

（最終改正　令和3年7月26日　基発0726第2号）

（前文省略）

（別紙）

職場における熱中症予防基本対策要綱

第1　WBGT値（暑さ指数）の活用

1　WBGT値等

　WBGT（Wet-Bulb Globe Temperature：湿球黒球温度（単位：℃））の値は、暑熱環境による熱ストレスの評価を行う暑さ指数（式①又は②により算出）であり、作業場所に、WBGT指数計を設置する等により、WBGT値を求めることが望ましいこと。特に、熱中症予防情報サイト等により、事前にWBGT値が表1－1のWBGT基準値（以下「WBGT基準値」という。）を超えることが予想される場合は、WBGT値を作業中に測定するよう努めること。

　ア　日射がない場合

　　WBGT値＝0.7×自然湿球温度＋0.3×黒球温度　式①

　イ　日射がある場合

　　WBGT値＝0.7×自然湿球温度＋0.2×黒球温度＋0.1×気温（乾球温度）　式②

　　また、WBGT値の測定が行われていない場合においても、気温（乾球温度）及び相対湿度を熱ストレスの評価を行う際の参考にすること。

2　WBGT値に係る留意事項

　表1－2に掲げる衣類を着用して作業を行う場合にあっては、式①又は②により算出されたWBGT値に、それぞれ表1－2に掲げる着衣補正値を加える必要があること。

　また、WBGT基準値は、健康な労働（作業）者を基準に、ばく露されてもほとんどの者が有害な影響を受けないレベルに相当するものとして設定されていることに留意すること。

3　WBGT基準値に基づく評価等

　把握したWBGT値が、WBGT基準値を超え、又は超えるおそれのある場合には、冷房等により当該作業場所のWBGT値の低減を図ること、身体作業強度（代謝率レベル）の低い作業に変更すること、WBGT基準値より低いWBGT値で

ある作業場所での作業に変更すること等の熱中症予防対策を作業の状況等に応じて実施するよう努めること。それでもなお、WBGT基準値を超え、又は超えるおそれのある場合には、第2の熱中症予防対策の徹底を図り、熱中症の発症リスクの低減を図ること。ただし、WBGT基準値を超えない場合であっても、WBGT基準値が前提としている条件に当てはまらないとき又は着衣補正値を考慮したWBGT基準値を算出することができないときは、WBGT基準値を超え、又は超えるおそれのある場合と同様に、第2の熱中症予防対策の徹底を図らなければならない場合があることに留意すること。

上記のほか、熱中症の発症リスクがあるときは、必要に応じて第2の熱中症予防対策を実施することが望ましいこと。

第2　熱中症予防対策

1　作業環境管理

(1)　WBGT値の低減等

次に掲げる措置を講ずること等により当該作業場所のWBGT値の低減に努めること。

ア　WBGT基準値を超え、又は超えるおそれのある作業場所（以下単に「高温多湿作業場所」という。）においては、発熱体と労働者の間に熱を遮ることのできる遮へい物等を設けること。

イ　屋外の高温多湿作業場所においては、直射日光並びに周囲の壁面及び地面からの照り返しを遮ることができる簡易な屋根等を設けること。

ウ　高温多湿作業場所に適度な通風又は冷房を行うための設備を設けること。また、屋内の高温多湿作業場所における当該設備は、除湿機能があることが望ましいこと。

なお、通風が悪い高温多湿作業場所での散水については、散水後の湿度の上昇に注意すること。

(2)　休憩場所の整備等

労働者の休憩場所の整備等について、次に掲げる措置を講ずるよう努めること。

ア　高温多湿作業場所の近隣に冷房を備えた休憩場所又は日陰等の涼しい休憩場所を設けること。また、当該休憩場所は、足を伸ばして横になれる広さを確保すること。

イ　高温多湿作業場所又はその近隣に氷、冷たいおしぼり、水風呂、シャワー

等の身体を適度に冷やすことのできる物品及び設備を設けること。

ウ　水分及び塩分の補給を定期的かつ容易に行えるよう高温多湿作業場所に飲料水などの備付け等を行うこと。

2　作業管理

(1)　作業時間の短縮等

作業の休止時間及び休憩時間を確保し、高温多湿作業場所での作業を連続して行う時間を短縮すること、身体作業強度（代謝率レベル）が高い作業を避けること、作業場所を変更すること等の熱中症予防対策を、作業の状況等に応じて実施するよう努めること。

(2)　暑熱順化

高温多湿作業場所において労働者を作業に従事させる場合には、暑熱順化（熱に慣れ当該環境に適応すること）の有無が、熱中症の発症リスクに大きく影響することを踏まえ、計画的に、暑熱順化期間を設けることが望ましいこと。特に、梅雨から夏季になる時期において、気温等が急に上昇した高温多湿作業場所で作業を行う場合、新たに当該作業を行う場合、又は、長期間、当該作業場所での作業から離れ、その後再び当該作業を行う場合等においては、通常、労働者は暑熱順化していないことに留意が必要であること。

(3)　水分及び塩分の摂取

自覚症状以上に脱水状態が進行していることがあること等に留意の上、自覚症状の有無にかかわらず、水分及び塩分の作業前後の摂取及び作業中の定期的な摂取を指導するとともに、労働者の水分及び塩分の摂取を確認するための表の作成、作業中の巡視における確認等により、定期的な水分及び塩分の摂取の徹底を図ること。特に、加齢や疾患によって脱水状態であっても自覚症状に乏しい場合があることに留意すること。

なお、塩分等の摂取が制限される疾患を有する労働者については、主治医、産業医等に相談させること。

(4)　服装等

熱を吸収し、又は保熱しやすい服装は避け、透湿性及び通気性の良い服装を着用させること。また、これらの機能を持つ身体を冷却する服の着用も望ましいこと。

なお、直射日光下では通気性の良い帽子等を着用させること。

また、作業中における感染症拡大防止のための不織布マスク等の飛沫飛散防止器具の着用については、現在までのところ、熱中症の発症リスクを有意に高

めるとの科学的なデータは示されておらず、表1—2に示すような着衣補正値のWBGT値への加算は必要ないと考えられる。

　一方、飛沫飛散防止器具の着用は、息苦しさや不快感のもととなるほか、円滑な作業や労働災害防止上必要なコミュニケーションに支障をきたすことも考えられるため、作業の種類、作業負荷、気象条件等に応じて飛沫飛散防止器具を選択するとともに、感染防止の観点から着用が必要と考えられる作業や場所、周囲に人がいない等飛沫飛散防止器具を外してもよい場面や場所等を明確にし、関係者に周知しておくことが望ましい。

⑸　作業中の巡視

　定期的な水分及び塩分の摂取に係る確認を行うとともに、労働者の健康状態を確認し、熱中症を疑わせる兆候が表れた場合において速やかな作業の中断その他必要な措置を講ずること等を目的に、高温多湿作業場所での作業中は巡視を頻繁に行うこと。

3　健康管理

⑴　健康診断結果に基づく対応等

　労働安全衛生規則（昭和47年労働省令第32号）第43条、第44条及び第45条の規定に基づく健康診断の項目には、糖尿病、高血圧症、心疾患、腎不全等の熱中症の発症に影響を与えるおそれのある疾患と密接に関係した血糖検査、尿検査、血圧の測定、既往歴の調査等が含まれていること及び労働安全衛生法（昭和47年法律第57号）第66条の4及び第66条の5の規定に基づき、異常所見があると診断された場合には医師等の意見を聴き、当該意見を勘案して、必要があると認めるときは、事業者は、就業場所の変更、作業の転換等の適切な措置を講ずることが義務付けられていることに留意の上、これらの徹底を図ること。

　また、熱中症の発症に影響を与えるおそれのある疾患の治療中等の労働者については、事業者は、高温多湿作業場所における作業の可否、当該作業を行う場合の留意事項等について産業医、主治医等の意見を勘案して、必要に応じて、就業場所の変更、作業の転換等の適切な措置を講ずること。

⑵　日常の健康管理等

　高温多湿作業場所で作業を行う労働者については、睡眠不足、体調不良、前日等の飲酒、朝食の未摂取等が熱中症の発症に影響を与えるおそれがあることに留意の上、日常の健康管理について指導を行うとともに、必要に応じ健康相談を行うこと。これを含め、労働安全衛生法第69条の規定に基づき健康の保持増進のための措置を講ずるよう努めること。

さらに、熱中症の発症に影響を与えるおそれのある疾患の治療中等である場合は、熱中症を予防するための対応が必要であることを労働者に対して教示するとともに、労働者が主治医等から熱中症を予防するための対応が必要とされた場合又は労働者が熱中症を予防するための対応が必要となる可能性があると判断した場合は、事業者に申し出るよう指導すること。

(3)　労働者の健康状態の確認

作業開始前に労働者の健康状態を確認すること。

作業中は巡視を頻繁に行い、声をかける等して労働者の健康状態を確認すること。

また、複数の労働者による作業においては、労働者にお互いの健康状態について留意させること。

(4)　身体の状況の確認

休憩場所等に体温計、体重計等を備え、必要に応じて、体温、体重その他の身体の状況を確認できるようにすることが望ましいこと。

4　労働衛生教育

労働者を高温多湿作業場所において作業に従事させる場合には、適切な作業管理、労働者自身による健康管理等が重要であることから、作業を管理する者及び労働者に対して、あらかじめ次の事項について労働衛生教育を行うこと。

(1)　熱中症の症状

(2)　熱中症の予防方法

(3)　緊急時の救急処置

(4)　熱中症の事例

なお、(2)の事項には、1から4までの熱中症予防対策が含まれること。

5　救急処置

(1)　緊急連絡網の作成及び周知

労働者を高温多湿作業場所において作業に従事させる場合には、労働者の熱中症の発症に備え、あらかじめ、病院、診療所等の所在地及び連絡先を把握するとともに、緊急連絡網を作成し、関係者に周知すること。

(2)　救急措置

熱中症を疑わせる症状が現われた場合は、救急処置として涼しい場所で身体を冷し、水分及び塩分の摂取等を行うこと。また、必要に応じ、救急隊を要請し、又は医師の診察を受けさせること。

（解説）

　本解説は、職場における熱中症予防対策を推進する上での留意事項を解説したものである。

1　熱中症について

　　熱中症は、高温多湿な環境下において、体内の水分及び塩分（ナトリウム等）のバランスが崩れたり、体内の調整機能が破綻する等して、発症する障害の総称であり、めまい・失神、筋肉痛・筋肉の硬直、大量の発汗、頭痛・気分の不快・吐き気・嘔吐・倦怠感・虚脱感、意識障害・痙攣・手足の運動障害、高体温等の症状が現れる。

2　WBGT値（暑さ指数）の活用について

⑴　WBGT値の測定方法等は、日本産業規格JIS Z 8504を参考にすること。

⑵　日射及び発熱体がなく、かつ、温度と湿度が一様な、気流の弱い室内作業環境であって、WBGT指数計等によるWBGT値の実測が行われていない場合には、日本生気象学会が作成した「日常生活における熱中症予防指針」における「図2．室内を対象とした気温と相対湿度からWBGTを簡易的に推定する図（室内用のWBGT簡易推定図）」〈編注：156頁に参考として掲載〉等が熱ストレス評価を行う際の参考になること。

3　作業管理について

⑴　暑熱順化の例としては、次に掲げる事項等があること。

　ア　作業を行う者が暑熱順化していない状態から7日以上かけて熱へのばく露時間を次第に長くすること。

　イ　熱へのばく露が中断すると4日後には暑熱順化の顕著な喪失が始まり3～4週間後には完全に失われること。

⑵　作業中における定期的な水分及び塩分の摂取については、身体作業強度等に応じて必要な摂取量等は異なるが、作業場所のWBGT値がWBGT基準値を超える場合には、少なくとも、0.1～0.2％の食塩水、ナトリウム40～80mg/100mlのスポーツドリンク又は経口補水液等を、20～30分ごとにカップ1～2杯程度を摂取することが望ましいこと。

⑶　飛沫飛散防止器具には、使い捨ての不織布マスク（サージカルマスク）、布マスク、ウレタンマスク、フェイスシールド、マウスシールド等が含まれること。

4　健康管理について

⑴　糖尿病については、血糖値が高い場合に尿に糖が漏れ出すことにより尿で失

う水分が増加し脱水状態を生じやすくなること、高血圧症及び心疾患については、水分及び塩分を尿中に出す作用のある薬を内服する場合に脱水状態を生じやすくなること、腎不全については、塩分摂取を制限される場合に塩分不足になりやすいこと、精神・神経関係の疾患については、自律神経に影響のある薬（パーキンソン病治療薬、抗てんかん薬、抗うつ薬、抗不安薬、睡眠薬等）を内服する場合に発汗及び体温調整が阻害されやすくなること、広範囲の皮膚疾患については、発汗が不十分となる場合があること等から、これらの疾患等については熱中症の発症に影響を与えるおそれがあること。

(2)　感冒等による発熱、下痢等による脱水等は、熱中症の発症に影響を与えるおそれがあること。また、皮下脂肪の厚い者も熱中症の発症に影響を与えるおそれがあることから、留意が必要であること。

(3)　心機能が正常な労働者については1分間の心拍数が数分間継続して180から年齢を引いた値を超える場合、作業強度のピークの1分後の心拍数が120を超える場合、休憩中等の体温が作業開始前の体温に戻らない場合、作業開始前より1.5％を超えて体重が減少している場合、急激で激しい疲労感、悪心、めまい、意識喪失等の症状が発現した場合等は、熱へのばく露を止めることが必要とされている兆候であること。

5　救急処置について

　　熱中症を疑わせる具体的な症状については表2の「熱中症の症状と分類」を、具体的な救急処置については図の「熱中症の救急処置（現場での応急処置）」を参考にすること。

表1−1　身体作業強度等に応じたWBGT基準値

区分	身体作業強度（代謝率レベル）の例	WBGT基準値	
		暑熱順化者の WBGT基準値 ℃	暑熱非順化者の WBGT基準値 ℃
0 安静	安静、楽な座位	33	32
1 低代 謝率	軽い手作業（書く、タイピング、描く、縫う、簿記）；手及び腕の作業（小さいベンチツール、点検、組立て又は軽い材料の区分け）；腕及び脚の作業（通常の状態での乗り物の運転、フットスイッチ及びペダルの操作）。 立位でドリル作業（小さい部品）；フライス盤（小さい部品）；コイル巻き；小さい電機子巻き；小さい力で駆動する機械；2.5km/h以下での平たん（坦）な場所での歩き。	30	29
2 中程 度代 謝率	継続的な手及び腕の作業［くぎ（釘）打ち、盛土］；腕及び脚の作業（トラックのオフロード運転、トラクター及び建設車両）；腕と胴体の作業（空気圧ハンマーでの作業、トラクター組立て、しっくい塗り、中くらいの重さの材料を断続的に持つ作業、草むしり、除草、果物及び野菜の収穫）；軽量な荷車及び手押し車を押したり引いたりする；2.5km/h〜5.5km/hでの平たんな場所での歩き；鍛造	28	26
3 高代 謝率	強度の腕及び胴体の作業；重量物の運搬；ショベル作業；ハンマー作業；のこぎり作業；硬い木へのかんな掛け又はのみ作業；草刈り；掘る；5.5km/h〜7km/hでの平たんな場所での歩き。 重量物の荷車及び手押し車を押したり引いたりする；鋳物を削る；コンクリートブロックを積む。	26	23
4 極高 代謝 率	最大速度の速さでのとても激しい活動；おの（斧）を振るう；激しくシャベルを使ったり掘ったりする；階段を昇る；平たんな場所で走る；7km/h以上で平たんな場所を歩く。	25	20

注1　日本産業規格JIS　Z　8504（熱環境の人間工学—WBGT（湿球黒球温度）指数に基づく作業者の熱ストレスの評価—暑熱環境）附属書A「WBGT熱ストレス指数の基準値」を基に、同表に示す代謝率レベルを具体的な例に置き換えて作成したもの。

注2　暑熱順化者とは、「評価期間の少なくとも1週間以前から同様の全労働期間、高温作業条件（又は類似若しくはそれ以上の極端な条件）にばく露された人」をいう。

表1―2　衣類の組合せによりWBGT値に加えるべき着衣補正値（℃-WBGT）

組合せ	コメント	WBGT値に加えるべき着衣補正値（℃-WBGT）
作業服	織物製作業服で、基準となる組合せ着衣である。	0
つなぎ服	表面加工された綿を含む織物製	0
単層のポリオレフィン不織布製つなぎ服	ポリエチレンから特殊な方法で製造される布地	2
単層のSMS不織布製のつなぎ服	SMSはポリプロピレンから不織布を製造する汎用的な手法である。	0
織物の衣服を二重に着用した場合	通常、作業服の上につなぎ服を着た状態。	3
つなぎ服の上に長袖ロング丈の不透湿性エプロンを着用した場合	巻付型エプロンの形状は化学薬剤の漏れから身体の前面及び側面を保護するように設計されている。	4
フードなしの単層の不透湿つなぎ服	実際の効果は環境湿度に影響され、多くの場合、影響はもっと小さくなる。	10
フードつき単層の不透湿つなぎ服	実際の効果は環境湿度に影響され、多くの場合、影響はもっと小さくなる。	11
服の上に着たフードなし不透湿性のつなぎ服	―	12
フード	着衣組合せの種類やフードの素材を問わず、フード付きの着衣を着用する場合。フードなしの組合せ着衣の着衣補正値に加算される。	+1

注記1　透湿抵抗が高い衣服では、相対湿度に依存する。着衣補正値は起こりうる最も高い値を示す。

注記2　SMSはスパンボンド－メルトブローン－スパンボンドの3層構造からなる不織布である。

注記3　ポリオレフィンは、ポリエチレン、ポリプロピレン、ならびにその共重合体などの総称である。

表2　熱中症の症状と分類

分　類	症　状	重　症　度
Ⅰ度	めまい・生あくび・失神 （「立ちくらみ」という状態で、脳への血流が瞬間的に不十分になったことを示し、"熱失神"と呼ぶこともある。） 筋肉痛・筋肉の硬直 （筋肉の「こむら返り」のことで、その部分の痛みを伴う。発汗に伴う塩分（ナトリウム等）の欠乏により生じる。これを"熱痙攣"と呼ぶこともある。） 大量の発汗	小
Ⅱ度	頭痛・気分の不快・吐き気・嘔吐・倦怠感、虚脱感 （体がぐったりする、力が入らないなどがあり、従来から"熱疲労"といわれていた状態である。） 集中力や判断力の低下	↓
Ⅲ度	意識障害・痙攣・手足の運動障害 （呼びかけや刺激への反応がおかしい、体がガクガクと引きつけがある、真直ぐに走れない・歩けないなど。） 高体温 （体に触ると熱いという感触がある。従来から、"熱射病"や"重度の日射病"と言われていたものがこれに相当する。）	大

図：熱中症の救急処置（現場での応急処置）

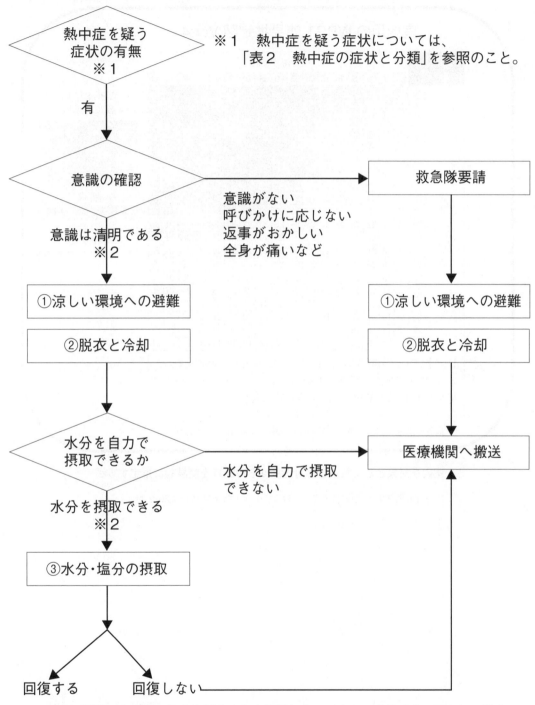

熱中症を疑う
症状の有無
※1

※1　熱中症を疑う症状については、
　　「表2　熱中症の症状と分類」を参照のこと。

有

意識の確認

意識は清明である
※2

意識がない
呼びかけに応じない
返事がおかしい
全身が痛いなど

救急隊要請

①涼しい環境への避難

②脱衣と冷却

①涼しい環境への避難

②脱衣と冷却

水分を自力で
摂取できるか

水分を自力で摂取
できない

水分を摂取できる
※2

医療機関へ搬送

③水分・塩分の摂取

回復する　　回復しない

※2　意識が清明である又は水分を摂取できる状態であっても、Ⅱ度熱中症が疑われる場合は、
　　医療機関への搬送を検討すること。
＊上記以外にも体調が悪化するなどの場合には、必要に応じて、救急隊を要請するなどにより、
　医療機関へ搬送することが必要であること。

室内用の WBGT 簡易推定図 Ver.4

室内用 Ver.4 日本生気象学会	\ 気温[℃]	相対湿度[%]															
		20	25	30	35	40	45	50	55	60	65	70	75	80	85	90	95	100
	40	28	29	30	31	32	33	34	34	35	36	36	37	38	38	39	39	40
	39	27	28	29	30	31	32	33	33	34	35	35	36	37	37	38	38	39
	38	27	28	29	29	30	31	32	33	33	34	35	35	36	36	37	37	38
	37	26	27	28	29	29	30	31	32	32	33	34	34	35	35	36	36	37
	36	25	26	27	28	29	29	30	31	31	32	33	33	34	34	35	35	36
	35	24	25	26	27	28	28	29	30	30	31	32	32	33	33	34	34	35
	34	24	25	25	26	27	28	28	29	30	30	31	31	32	32	33	34	34
気温[℃]	33	23	24	25	25	26	27	27	28	29	29	30	30	31	31	32	33	33
	32	22	23	24	24	25	26	26	27	28	28	29	29	30	31	31	32	32
	31	21	22	23	24	24	25	26	26	27	27	28	29	29	30	30	31	31
	30	21	21	22	23	23	24	25	25	26	26	27	28	28	29	29	30	30
	29	20	21	21	22	23	23	24	24	25	26	26	27	27	28	28	29	29
	28	19	20	21	21	22	22	23	24	24	25	25	26	26	27	27	28	28
	27	18	19	20	20	21	22	22	23	23	24	24	25	25	26	26	27	27
	26	18	18	19	20	20	21	21	22	23	23	24	24	25	25	26	26	26
	25	17	17	18	19	19	20	20	21	21	22	23	23	24	24	25	25	25
	24	16	17	17	18	18	19	19	20	20	21	21	22	22	23	23	24	24
	23	15	16	16	17	18	18	19	19	20	20	20	21	21	22	22	23	23
	22	15	15	16	16	17	17	18	18	19	19	20	20	20	21	21	22	22
	21	14	14	15	15	16	16	17	17	18	18	19	19	19	20	20	21	21

WBGT による温度基準域
危険 31℃以上
厳重警戒 28℃以上 31℃未満
警戒 25℃以上 28℃未満
注意 25℃未満

【注意】この図は「日射のない室内専用」です、屋外では使用できません。また、室内でも日射や発熱対のある場合は使用できません。そのような環境では、黒球付きの WBGT 測定器等を用いて評価して下さい。

日本生気象学会：日常生活における熱中症予防指針 Ver.4,2022

室内を対象とした気温と相対湿度からWBGTを簡易的に推定する図

（日本生気象学会「日常生活における熱中症予防指針」Ver.4,2022 より）

ダイオキシン類ばく露防止のための作業指揮者チェックリスト（例）

ダイオキシン類ばく露防止のための作業指揮者チェックリスト（例）

種別	チェック項目	チェック欄	参照頁
全般事項	ダイオキシン類業務に関わる法令・要綱の内容を理解しているか	☐	7〜9、93〜156
	ダイオキシン類の有害性、健康影響を理解しているか	☐	10〜15
	法令で定められた作業指揮者の役割を理解しているか	☐	18
	管理区域ごとに必要な保護具を理解しているか	☐	38〜40
作業前共通事項	空気中のダイオキシン類濃度測定およびサンプリング調査結果により決定された管理区域に基づく適切な保護具（呼吸用保護具、保護衣、保護手袋、保護靴等）を選定しているか	☐	38〜40
	作業に当たってはダイオキシン類を含む粉じん等の湿潤化を行い、適切に湿潤化されていることを確認しているか	☐	47〜48
	作業者に保護具を正しく使用（呼吸用保護具のシールチェック含む)させているか	☐	74〜90
	作業前に、各種使用保護具や、局所排気装置、エアシャワー等の使用設備に問題がないか確認しているか	☐	73
運転作業	作業者に対して作業手順を周知徹底しているか	☐	49
	焼却炉を含む焼却施設は、作業仕様書（ダイオキシンの発生を抑制する操作マニュアル）に従って確実に操作を行っているか	☐	49
	作業者が定められた保護具を適切に着用していることを確認しているか	☐	50
	作業場の出入り口に設置したエアシャワーや湿潤化した足拭きマット等の維持管理を適切に行っているか	☐	50
	水洗いや真空掃除機により、作業場の清掃を随時または定期的に行っているか	☐	51
	設備の巡視時に、集じん機などの各機械装置間の排気用ダクト、各装置のパッキンをチェックし、排気ガス等の漏れがないことを確認しているか	☐	51
	集じん機からの固化灰の取出し時は局所排気装置を稼働させているか	☐	52
	集じん機からの固化灰の取出し時は作業者に適切な呼吸用保護具、保護衣等を使用させているか	☐	50
保守点検作業	【上記「運転作業」の各項目を実施状況を確認しているか】	☐	—
	焼却炉等の内部で行われる保守点検（灰出し、清掃も同様）では作業者にレベル2以上の保護具（第3管理区域ではレベル3）を使用させ、着用状況を確認しているか	☐	55
	清掃および補修時には、焼却炉のマンホール等の開放箇所をビニールシートで養生するなど発散防止の措置をしているか	☐	56
	設備に付着した物に含まれるダイオキシン類の含有率が低い場合を除き、原則として溶接・溶断作業は行わないようにしているか	☐	—

種別	チェック項目	チェック欄	参照頁
解体作業	作業前に、付着物や解体する設備の状態に合わせた適切な方法で付着物を除去しているか	☐	60〜63
	付着物の除去や解体作業時は、ダイオキシン類が外部に拡散しないよう、付着物の湿潤化やビニールシート等による養生などの措置を行っているか	☐	65
	付着物に含まれるダイオキシン類の含有率が低い場合を除き、原則として溶断作業は行わないようにしているか	☐	65
	解体作業第2管理区域または第3管理区域でやむをえず溶断作業を行う場合、安全確保のための適切な措置（汚染物除去の完了確認、作業場所の養生、作業場所内部空気の換気・負圧化・排気の処理など）を講じているか	☐	65
	排気、排水は関係法令に定める基準に従った処理を行っているか	☐	66
	【移動解体】設備の取り外し作業では、作業指揮者等からの指示に基づき、設定された管理区域を踏まえた適正な機材を使用しているか	☐	61〜63、69
	【移動解体】取り外した設備は、管理区域内でビニールシート等で覆う等により厳重に密閉しているか	☐	69〜70
	【移動解体】取り外した設備の開梱は、適切な管理区域内で、必要なばく露防止対策を実施した上で行っているか	☐	69〜70
残留灰除去	【残留灰除去】仮設の天井・壁等による分離、あるいはビニールシート等による作業場所の区画養生をしているか	☐	67
	【残留灰除去】堆積した残留灰は、湿潤な状態のものとした上で除去するとともに、土壌からの再発じんにも留意しているか	☐	67
運搬作業	積込み作業時は、作業者に適切な保護具を着用させているか	☐	71〜72
	取り外した設備は、ビニールシート等で覆われ密閉された状態であることを確認してから、運搬車に積み込んでいるか	☐	71〜72
	積込みは、運搬中に変形・破損などにより汚染物が漏えいしない方法で行っているか	☐	71〜72
	処理施設での積下ろしは、運搬設備の密閉状態が維持されていることを確認した上で行っているか	☐	71〜72
	積下ろし作業時は、作業者に適切な保護具を着用させているか	☐	71〜72
作業後の洗身等	作業者は作業後には事業場の施設で洗身・洗眼・うがいを行っているか	☐	91
	（エアシャワーがある場合）作業者は防じんマスク、エアラインマスク、空気呼吸器等を着用したままエアシャワーを浴びているか	☐	86
健康管理	熱中症予防のため休憩時間には作業者に水分・塩分を取るよう周知徹底し確認しているか	☐	92
事故時の措置	事故や保護具の故障などでダイオキシンで著しく汚染されたり、多量に吸入した恐れがある場合などの連絡方法・連絡先を把握し、作業者に周知徹底しているか	☐	53、59、65
保護具の保守	面体はエアシャワーを浴びたあと中性洗剤を加えたぬるま湯または水で洗ってから乾燥させているか	☐	86
	保護衣類はエアシャワーを浴びた後中性洗剤で水洗いしているか	☐	86
	使い捨ての簡易防じん服は1回ごとに廃棄しているか	☐	86
	保護具使用後は、異常がないかを確認した上で、保管庫等決められた場所に適切に保管しているか	☐	87〜89

●執筆協力

森下　功（株式会社熊谷組　プロジェクトエンジニアリング室　部長）

廃棄物焼却施設関連作業における

ダイオキシン類ばく露防止対策 －作業指揮者テキスト－

平成22年9月30日	第1版第1刷発行	
平成26年5月21日	第2版第1刷発行	
令和5年3月24日	第3版第1刷発行	
令和6年6月20日	第2刷発行	

編　者　中央労働災害防止協会
発行者　平山　剛
発行所　中央労働災害防止協会
　　　　〒108-0023
　　　　東京都港区芝浦3丁目17番12号
　　　　　　　　　　　　吾妻ビル9階
　　　　TEL　販売　03-3452-6401
　　　　　　　編集　03-3452-6209
印　刷　サンパートナーズ株式会社